催化裂化烟气硫转移剂的制备及其性能

姜瑞雨　著

科　学　出　版　社
北　京

内 容 简 介

本书重点介绍了催化裂化烟气硫转移剂的组成与性能；针对硫氧化物带来的问题，设计和制备一系列硫转移剂；系统地研究其结构与性能，为催化裂化硫转移剂的制备和应用提供理论指导与实践基础。

本书可供高等学校相关专业的学生作为教学用书或参考书，也可作为从事相关专业研究人员的参考书。

图书在版编目(CIP)数据

催化裂化烟气硫转移剂的制备及其性能/姜瑞雨著. —北京：科学出版社，2021.6

ISBN 978-7-03-067248-3

Ⅰ. ①催… Ⅱ. ①姜… Ⅲ. ①催化裂化-烟气排放-硫化物-研究 Ⅳ. ①TQ125.1

中国版本图书馆 CIP 数据核字（2020）第 251000 号

责任编辑：沈力匀 / 责任校对：王 颖
责任印制：吕春珉 / 封面设计：北京东方人华平面设计部

科学出版社出版
北京东黄城根北街 16 号
邮政编码：100717
http://www.sciencep.com
北京中科印刷有限公司 印刷
科学出版社发行 各地新华书店经销
*
2021 年 6 月第 一 版 开本：787×1092 1/16
2021 年 6 月第一次印刷 印张：7 1/4
字数：172 000

定价：36.00 元

（如有印装质量问题，我社负责调换〈中科〉）
销售部电话 010-62136230 编辑部电话 010-62135763-8020

前　　言

随着各国工业的快速发展，环境污染问题日益突出，其中硫氧化物是当今世界环境污染的主要有害气体之一。对于炼油厂而言，流化催化裂化（fluid catalytic cracking，FCC）再生烟气中的硫氧化物与其中的水蒸气作用后，增加了对再生器及其他设备的腐蚀，并且排放到空气中的硫氧化物会造成酸雨，对人体及生态产生巨大的影响。近年来，随着催化裂化加工原料中硫含量的提高和环保法规对污染物排放的严格限制，降低催化裂化再生烟气中 SO_2 的排放问题备受关注。其中添加 2%～3%的尖晶石体系的催化裂化烟气硫转移剂（简称"硫转移剂"）是最为经济且有效的手段，但由于尖晶石存在偏碱性、氧化活性组分价格昂贵、还原性能不佳等问题，影响了反应的转化深度、产物分布及企业的经济效益。因此，在保证对主催化剂影响较小的情况下，适当添加硫转移剂，能有效降低 SO_2 的排放量。

本书主要从两个方面开展研究：一是增强硫转移剂的氧化能力，使 SO_2 氧化成 SO_3 更加迅速，初步探索了新型经济的硫转移剂的组成及性能；二是提高硫转移剂的还原性能，并分析还原性气体与还原产物之间的关系。

本书将探讨酸胶溶法制备的不同氧化活性组分硫转移剂的组成及性能；考察锰对镁、铝、铁型尖晶石的硫转移性能的影响；对酸胶溶法制备的混合氧化物类硫转移剂，探索该新型硫转移剂的结构与性能的关系；探讨一氧化碳对氧化吸附的影响。研究结果表明：铜是较好的脱硫活性组分；一氧化碳存在时，硫转移剂吸附 SO_2 的活性没有明显降低，其还原性能不明显。

增强硫转移剂的脱硫能力，不仅要考虑经济高效的氧化活性组分对脱硫性能的影响，也应该考虑硫转移剂的比表面积和孔结构的影响。本书通过考察制备方法及完善制备条件，增大比表面积，来促进 SO_2 和表面活性位的接触，改善硫转移剂的氧化吸附性能和还原脱附性能。研究结果表明，较大的比表面积及合适的孔体积，脱硫效果较好。

为了研究硫转移剂中硫酸盐物种的还原产物与表面结构的关系，本书研究在组合式脉冲还原装置上，进行硫转移剂的脉冲还原反应，原位检测还原产物，对比分析还原性气体与还原产物之间的关系；完善了巴塔恰里亚（Bhattacharyya）等人提出的氧化反应机理，在此基础上推断出了新的还原反应机理；并综合考虑硫化氢和 SO_2 的信号强度及还原温度，进而明确实验选取的 3 种还原气体还原能力的差别。

本书将研究采用巨正则蒙特卡罗（grand canonical Monte Carlo，GCMC）方法建立吸附模型，模拟计算 SO_2、SO_3 在不同金属表面的吸附位、吸附微观构型及能量结构等性质。从计算结果看，单组分 SO_2 在 MgO(200)晶面的吸附性能更强，主要吸附在镁原子晶面附近；SO_3 主要吸附在铝原子晶面附近。混合组分中 SO_2 对 SO_3 在 MgO(200)表面的吸附位具有很大的影响，SO_3 与 MgO(200)晶面的间距变小。

目前，国内关于催化裂化烟气硫转移剂的专著较少，本书对该领域取得的研究成果做了介绍和总结，既具有较高的理论参考价值，又具有较为广泛的应用价值。全书共 6 章。第 1 章介绍催化裂化中 SO_x 的控制技术、硫转移剂材料及其技术发展；第 2 章介绍硫转移剂的组成与性能的关系；第 3 章介绍类水滑石型硫转移剂的制备及其硫转移性能；第 4 章介绍比表面积对硫转移剂性能的影响；第 5 章介绍脉冲法对硫转移剂还原反应机理的探索；第 6 章介绍硫氧化物在金属晶面的吸附模拟。

本书在撰写过程中，得到了张磊博士、孙林博士、宋欣钰博士及朱涛、王敏、纪秀俊、颜帅、肖成雷的支持与帮助；同时，参考了一些文献，在此一并表示由衷的感谢。

由于作者水平有限，书中难免有不足之处，敬请读者批评指正。

作　者

2020 年 11 月

目　　录

第 1 章　催化裂化硫转移剂概述

石油炼制工业是国民经济的重要支柱产业之一，其中流化催化裂化是重要的原油二次加工工艺，用于将重质馏分油甚至渣油转化成轻质馏分油和轻成分气体[1-3]。据石油输出国组织（Organization of the Petroleum Exporting Countries，OPEC，简称“欧佩克”）年度统计公报，2019 年全球已探明石油储量达 1.55 万亿桶。在这些原油中，含硫量高于 1%的原油占总量的 55%以上，且含硫量不断上升[4]。原油中含硫量为 0.05%～14%，大部分原油的含硫量低于 4%。含硫量为 0.5%～2%的原油称为含硫油，含硫量大于 2%的原油称为高含硫油。催化裂化技术加工的原油中含有 0.3%～3%的硫，含硫的物质形式主要包括噻吩、硫醚和硫醇类等[2,5]。随着中国经济的快速发展，对原油需求的不断增加[6-17]，催化裂化装置的总体规模不断扩大。我国催化裂化原油的含硫量通常在 0.15%～1%。由于上百年的过度开采，这种低硫原油的储量越来越少，而进口的中东原油含硫量多在 1.6%～2.8%，含硫量较大。原油的含硫量越高，炼油厂产生的 SO_x 越多，清洁化生产的难度越大。据文献报道[15,18,19]，炼油厂产生的 SO_x 占总排放量的 6%～7%，而催化裂化再生烟气 SO_x 的排放量占大气中 SO_x 排放量的 4.5%～5.25%。在催化裂化过程硫元素的分布中发现，除了原油中接近 50%的硫元素转化成硫化氢进入裂解气，一部分硫留在液体产物中之外，其余 5%～10%的硫沉积在待生剂的焦炭中，在再生器中被氧化成 SO_x（90%以上的为 SO_2，剩余为 SO_3）进入再生烟气[20-22]，排出后的 SO_x 给人们的日常生活和工作及工业生产带来巨大的危害。

随着世界工业化进程的加速，环境污染问题日益加剧。尤其是 SO_x 已被列入当今世界环境污染的主要有害气体之中[23]。2008～2018 年，虽然我国 SO_2 排放总量逐年降低，但仍位居世界首位，远远超过了环境自身的承载力。降低 SO_2 排放量可以减少大气污染、保护大气环境，这是目前及未来长期环境保护的重要课题之一[24-33]。纯 SO_2 是一种无色、具有强烈刺激性气味的有毒气体，它易溶解于人体的血液和其他黏性液体中。当大气中 SO_2 浓度达到 0.5×10^{-6}μg/g 时，对人体健康有潜在的危害，甚至可能影响人类的基因等；当大气中 SO_2 浓度为 0.1×10^{-6}μg/g 时，即可损害农作物等。此外，大气中的 SO_2 还能造成酸雨（在国外称其为“空中死神”[34]），所形成的危害更为广泛，它可以改变土壤的性质，使水体呈现酸性，而酸雨区面积在逐年增加。

对于炼油厂而言，催化裂化再生烟气中的 SO_x 在水蒸气存在的条件下会生成硫酸或亚硫酸，造成对再生器和其他设备的腐蚀。据报道[4,25,35-37]，很多炼油厂催化裂化装置的再生器或三旋壳体因这种露点腐蚀而产生大量的裂纹，严重影响设备的正常运转。另外，烟气中 SO_x 含量的增加也会造成其露点温度的上升。为了避免露点腐蚀，需要提高排烟的温度，因而会浪费大量的热源，使装置能耗增加[38]。

目前，为了控制 SO_2 的排放，我国制定了一系列相关法律和文件，包括国家标准、地方标准和总量控制管理办法等。随着环境保护要求的日益严格，相关标准也在不断修改和完善。限制催化裂化再生烟气排放的适用标准主要包括《石油炼制工业污染物排放标准》（GB 31570—2015）、《大气污染物综合排放标准》（GB 16297—1996）和《炼油与石油化学工业大气污染物排放标准》（DB 11/447—2015）[7,8,39]。

近年来，随着催化裂化原油中含硫量的提高和环保法规对污染物排放的严格限制，降低 SO_2 的排放问题备受关注。其中，添加质量分数为 2%～3%的尖晶石体系的硫转移剂（以 MO 表示）是较为经济且有效的手段，但由于尖晶石存在偏碱性、氧化活性成分价格昂贵、还原性能不佳等问题，影响了反应的转化深度、产物分布及企业的经济效益。因此，为了保证减少对主催化剂的影响，同时使 SO_2 迅速氧化成 SO_3，添加硫转移剂需要适量，并需提高硫转移剂的氧化能力及其失活后的还原性能。

1.1　催化裂化中 SO_x 的控制技术

目前，炼油厂主要采用三种途径控制催化裂化再生烟气中 SO_x 的排放量：原油加氢脱硫技术、烟气洗涤脱硫技术和硫转移剂技术[28,40-52]。

1.1.1　原油加氢脱硫技术

催化裂化原油加氢预处理可以改善进料的裂化性能和产品分布，提高轻油的收率和装置的加工能力，降低焦炭和干气产率，也能够有效脱除进料中的 SO_x。据文献报道，当加氢脱硫率为 90%时，烟气中的 SO_x 浓度可降低 75%～80%；当加氢脱硫率为 95%～99%时，烟气中的 SO_x 浓度可降低 94%～98%[53]。含硫化合物是 SO_x 的来源之一，如噻吩类，难以通过常规的加氢方法脱硫，而是要进一步降低其浓度，即深度脱硫，与此同时，加氢脱硫装置的投资和操作费用也会相应增加。原油加氢处理改善了其性能，减少了油品中重金属的含量，并减少了焦炭的生成，因而也提高了轻质油品的收率和质量，可使深度脱硫的成本得到补偿。因此，当装置规模大和脱硫深度高时是经济的[54,55]。该方法不仅可以降低原油和烟气中的含硫量，而且可以提高油品质量。由于其设备投资和操作费用较高，在大部分中小炼油厂中很难推广。

1.1.2　烟气洗涤脱硫技术

烟气洗涤脱硫技术是运用一种碱性吸收剂对烟气中的 SO_x 进行化学吸附，以形成硫酸盐和亚硫酸盐，采用的吸收剂通常是以钠碱、石灰和氧化镁为主的碱性物质。烟气洗涤脱硫是最佳的脱硫方法，能够有效去除再生烟气中的 SO_x 和固体颗粒，应用范围不受原油中含硫量的限制，因此适用范围更广，应用也最多。国内外催化裂化装置采用烟气洗涤脱硫的方法有多种[8,9,12,49,51,56]，常采用的方法有钠碱洗涤法、海水洗涤法和石灰-石灰石液洗涤法[57,58]等。除此之外，烟气洗涤脱硫还可以有效吸收再生烟气中的催化剂粉尘颗粒，具有脱硫和除尘的双重功能。

1. 钠碱洗涤法

（1）WGS 法

催化裂化湿法烟气洗涤（wet gas scrubbing，WGS）法源于美国埃克森美孚公司，其广泛使用的吸收剂为氢氧化钠或碳酸钠，先吸收 SO_x 生成硫酸钠，再用缓冲溶液除去产生的细粉，最后洗涤液被送到清洗处理装置沉降，以防止催化剂细粉的积累。沉降后的清洗液排到后处理设施中，排出液约含 5%可溶解盐（主要是硫酸钠）。WGS 法的 SO_2 和粉尘的去除率均在 90%以上，SO_2 排放浓度为 3.4mg/m^3，基本不产生固体废弃物。

（2）EDV 法

德国贝尔格公司研发的电除尘和洗涤器（Electro Dynamic Venturi，EDV）法，与 WGS 法具有相似性，两者皆是非再生湿法烟气洗涤技术[26]。该技术同样是由烟气洗涤模块和液体处理模块两部分组成，并且可以有效去除 SO_x 和粉尘。烟气通过碱性吸收剂进行脱硫、脱尘处理，净化后的气体经过烟囱排放到空气中，排出液需进一步降低化学需氧量和固体颗粒的悬浮量。该技术脱硫率通常高于 95%，在世界炼油行业中运用较为广泛。

上述两种钠碱洗涤法脱硫效果理想，工艺相对成熟，但建设额外设备所需的成本较高，烟气处理带来的废水和废渣较多，易对环境造成二次污染。同时，处理污水也需要增加额外设备，增加脱硫成本。

2. 海水洗涤法

海水洗涤法是利用海水里天然碱性物质与 SO_2 中和而脱硫的方法。因为海水中含有碳酸氢钠，具有碱性和缓冲能力，能够吸收 SO_2，而且生成的硫酸根离子也是海水的成分，无污染。挪威国家石油公司的炼油公司于 1989 年建成投产了第一套海水洗涤脱硫装置，用于处理来自催化裂化和克劳斯制硫装置的烟气。该方法简单，具备自然条件的沿海炼油厂可优先考虑这项技术。

3. 石灰-石灰石液洗涤法

石灰-石灰石液洗涤法也是常用的一种烟气洗涤脱硫技术，它用石灰和石灰石液作为吸收剂，在吸收塔内完成 SO_2 的脱除。如图 1-1 所示，在吸收塔的格栅界面上，SO_2 与吸收剂通过气液两相扩散到液相，形成亚硫酸，并电离生成氢离子、亚硫酸氢根离子与亚硫酸根离子，部分亚硫酸根离子被烟气中的氧气氧化形成硫酸根离子，在低 pH 值条件下，浆液中的碳酸钙电离生成的钙离子，与硫酸根离子反应，形成了稳定的生石膏（$CaSO_4 \cdot 2H_2O$）；部分亚硫酸根离子与钙离子反应生成亚硫酸钙，然后被烟气中的氧气氧化形成石膏（$2CaSO_4 \cdot 2H_2O$）。该方法的特点是工艺成熟、脱硫率高，但其系统复杂，设备易腐蚀，还会产生酸性废水，增加了后处理的难度。

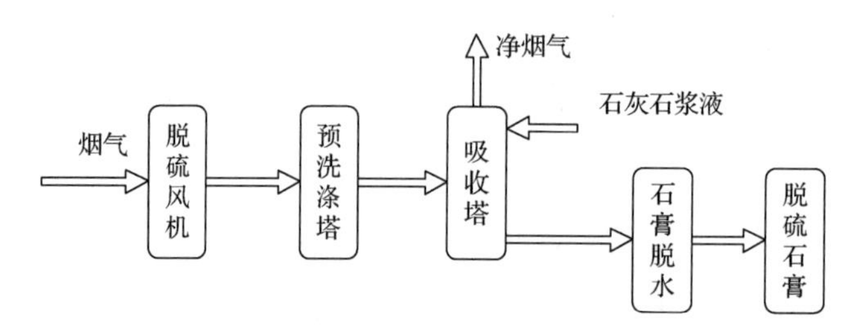

图 1-1　石灰-石灰石液洗涤法脱硫工艺图

1.1.3　硫转移剂技术

硫转移剂技术[59-64]是指在再生器内，SO_2 进一步氧化成 SO_3，并迅速吸附 SO_3 形成稳定的硫酸盐，同时随着主催化剂循环到提升管反应器内，又被还原形成硫化氢，最后经过克劳斯工艺生成硫磺的技术。硫转移剂技术无须额外增加脱硫装置，只需在催化裂化过程中添加少量的硫转移助剂，可大大减少脱硫成本；但是硫转移剂的添加，一定程度上稀释了主催化剂，而且硫转移剂中的一些化学成分可能与主催化剂中的化学成分相冲突，大量使用会导致原油的转换率和油品的产率降低，还可能造成非选择性的热裂化反应增多。因此硫转移剂的用量一般不超过主催化剂总量的 5%。

1.2　硫转移剂材料及其技术发展

1.2.1　硫转移剂的作用原理及其基本性能

硫转移剂技术是一种有效控制催化裂化烟气中的 SO_x 排放的方法，其作用原理如下所述[7,8,12,65-67]，提升管催化裂化实验装置示意图如图 1-2 所示。

1）在再生器中：

$$4S(\text{来源于焦炭}) + 5O_2 \longrightarrow 2SO_2(90\%) + 2SO_3\ (10\%)$$

$$2SO_2 + O_2 \longrightarrow 2SO_3$$

硫转移剂将 SO_3 转化为硫酸盐，即

$$MO + SO_3 \longrightarrow MSO_4$$

2）在提升管反应器中：

在氢气、烃类气体等还原性气体下，硫酸盐得到还原，即

$$MSO_4 + 4H_2\,(\text{或烃}) \longrightarrow MS + 4H_2O(\text{或 } CO_2)$$

$$MSO_4 + 4H_2\,(\text{或烃}) \longrightarrow MO + H_2S + 3H_2O(\text{或 } CO_2)$$

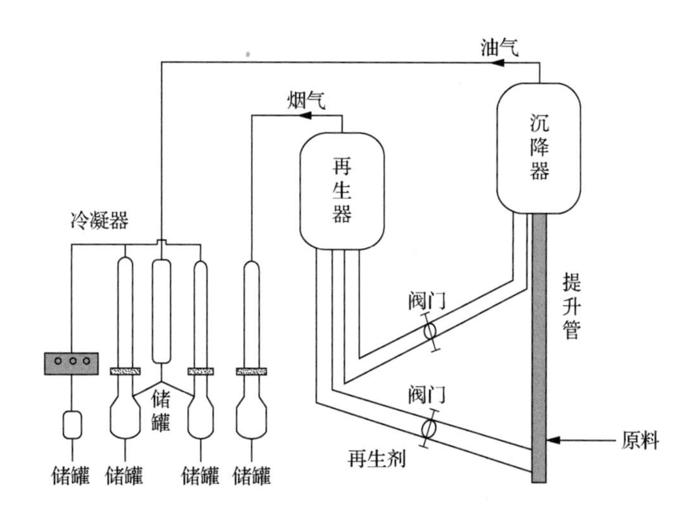

图 1-2　提升管催化裂化实验装置示意图

3）在汽提段中：

$$MS + H_2O \longrightarrow MO + H_2S$$

在催化裂化装置中，硫转移剂随主催化剂在再生器和提升管中循环。根据催化裂化工艺的特点，硫转移剂的循环脱硫作用原理主要分为氧化脱硫反应和还原再生反应。在再生器发生氧化脱硫的过程中，硫在烧焦中转化成 SO_2 和 SO_3，其中 SO_2 在硫转移剂的作用下进一步氧化成 SO_3，SO_3 再与硫转移剂反应生成金属硫酸盐，之后硫转移剂被送到提升管中，在提升管中继续发生还原再生反应，硫酸盐在高温和氢气、烃类气体下被还原成金属氧化物或金属硫化物，同时释放出硫化氢。在汽提段，金属硫化物与水蒸气反应生成金属氧化物和硫化氢，使硫转移剂得以再生，从而完成一次循环。在提升管和汽提段中释放出的硫化氢，随着裂化产物离开催化裂化沉降器进入分馏和吸收的稳定系统，最终进入裂化气中。

由硫转移剂发挥作用的原理可以看出，作为硫转移剂应具有以下几个基本性能[7,8,28]。

1）硫转移剂不仅能将 SO_2 催化氧化成 SO_3，也能吸收 SO_3 生成硫酸盐，在催化裂化再生器的操作条件下，该硫酸盐具有一定的稳定性。

2）在反应器中，硫酸盐必须被分解。如果 SO_x 在再生器中生成的硫酸盐，在反应器内就不能被分解，硫转移剂会迅速失去活性。

3）在反应器中，硫酸盐应迅速彻底地还原分解释放出硫化氢气体。如果 SO_3 的吸收或硫化氢的释放速度太慢，这种硫转移剂也不能使用。

4）作为助剂，硫转移剂在裂化催化剂中所占的比例不能太大，这样可避免过多的硫转移剂稀释主裂化催化剂，降低催化剂的总体裂化效果，从而降低裂解产物的收率。

5）没有或尽可能低的副作用，以保证不会恶化产物分布和产物的质量。

6）工业大规模生产的可能性和低成本。

7）其物理性质与催化裂化催化剂有一定的相容性，特别是有比较好的耐磨损性能和适当的密度。

1.2.2 硫转移剂的基础研究

降低催化裂化 SO_x 排放的硫转移剂研究工作始于 20 世纪 60～70 年代，早期的硫转移剂以负载稀土的氧化铝、氧化镁或其组合物为主，脱除效果不好。第二代产品以负载铈、钒等元素的碱土金属尖晶石为代表，对 SO_x 的吸附性能较好，制备工艺简单，目前在工业上得到了一定范围的应用。

早在 1971 年，Lowell 等[29]就对 47 种金属氧化物吸附 SO_2 做了热力学计算，并通过实验优选出 16 种，其中包括铈、铝、钛等金属的氧化物。硫酸镁（$MgSO_4$）的分解温度很高，而没有被选中，这是因为在计算时，他们只考虑硫酸盐的热分解，没有考虑形成的硫酸盐会再生。之后巴伦等[49]从中进一步优选出铈、铝、钴、镍、铁等金属的氧化物。亚科沃斯等讨论了包括碱土元素、稀土元素和过渡元素金属的 19 种氧化物，认为钠、镁、铜、锰的氧化物适合吸附 SO_x，并以惰性的铝、硅和硅铝化合物为载体进一步研究了各金属氧化物的性能。美国优尼科石油公司的研究者从更适合催化裂化工艺条件的角度，对硫酸盐的分解与还原条件做了进一步研究，将金属氧化物的范围优选为铈、铝、钴、镍和铁等金属的氧化物[49]。

Fetterolf[68]比较研究了各种金属氧化物，得出结论，在碱性较强的金属氧化物表面上，SO_2 更容易被催化氧化生成 SO_3，并吸附 SO_2 形成硫酸盐，而且高价硫在碱性金属氧化物存在时更容易被还原成低价硫。Yoo 等[17,41]对二氧化铈-氧化铝、二氧化铈-氧化镁、二氧化铈-富镁尖晶石（$Mg_2Al_2O_5$）的硫转移剂结构与性能进行了详细的研究，对比研究了它们的氧化性能及还原性能。他们得出的研究结论是：二氧化铈-富镁尖晶石的氧化吸附能力与二氧化铈-氧化镁的氧化吸附能力基本一致，但二者远远大于二氧化铈-氧化铝的氧化吸硫性能，而二氧化铈-富镁尖晶石比二氧化铈-氧化镁还原性更强。

Rodas-Grapain 等[69]研究了氧化铜-二氧化铈吸附催化剂对脱除 SO_x 反应的影响。用表面活性剂和醋酸铈作为无机前驱体制备了介孔结构的氧化铈。当从室温升到 760℃时，使用二氧化硫-氮气混合气（3 600μg/g）将吸附剂硫酸盐化，并且在高温天平上记录增加的质量数。由于介孔和小孔氧化铜颗粒被分散在氧化铈的表面上，提高了其比表面积，相对于传统浸渍方法，上述方法所制备的氧化铈具有更好的吸附脱硫性能，因为氧化铜颗粒可以较好地分布，与铜-氧化铈之间相互协同作用会更好。

Pratt 等[70]提出了采用氧化铝或氧化镁金属氧化物作为硫转移剂。Flanders 和 Blanton[71]、Lewis 等[72]、Bhattacharyya 等[73]、Vierheilig 等[74]也提出了使用氧化铝或氧化镁作为硫转移助剂氧化吸附含 SO_x。在这些专利中，没有提到稀土金属，也没有提到特定的稀土金属氧化物与氧化铝和或氧化镁的协同作用。

Polato 等[63]研究了包含铁铜钴铬镁铝水滑石混合物的氧化物。在模拟催化裂化再生器中的条件下评估了 SO_x 的脱除效果，得出对于 SO_x 吸附的顺序为：Cu—MO > Co—MO > Fe—MO > Cr—MO。硫酸盐的再生研究表明，还原气流的成分影响再生及还原产物的分布，并得出如下结论：丙烷比氢气的还原性弱，同时也观察到在丙烷条件下，硫化氢具有较高的释放温度。他们将反应机理分析总结如下。

$$HC—H(或\ H_2)+M^{x+}+e \longrightarrow (HC—H)^{+}+[H^{-}]+M^{(x-1)} \tag{1-1}$$

$$SO_3+2M^{(x-1)+} \longrightarrow [SO_3^{2-}]+2M^{x+} \tag{1-2}$$

$$[SO_3^{2-}] \longrightarrow SO_2+O^{2-} \tag{1-3}$$

$$SO_2+O^{2-}+8H \longrightarrow H_2S+3H_2O+2e \tag{1-4}$$

$$(HC—8H)^{8+}+8e \longrightarrow (HC—8H) \tag{1-5}$$

氧化铁脱硫时，在氧化环境中生成的硫酸盐不稳定，易释放硫，而且在还原性气体中形成稳定的含硫化合物，不利于脱硫；锂、钠、钾、钙、钡、铜、银、镉、锰等，在氧化环境中生成稳定的硫酸盐，但在还原性气体不易还原为硫化氢，因此容易失活；一些在氧化环境中不能生成稳定的硫酸盐，而在还原性环境中易还原为硫化氢的物质，如铬、钛、锆、铀的加入对脱硫效果无较大影响。与碱金属等不同，这些物质可以加入，以促进焦炭的燃烧。钍、铊等氧化物也可取代氧化铝或氧化镁，但其脱硫效果有一定的差异。

Bhattacharyya 等[13]通过研究二氧化铈-富镁尖晶石的氧化吸附还原吸附原理发现，氧化铈作为氧化剂首先氧化 SO_2，使其生成 SO_3，另外在还原过程中又被还原生成三氧化二铈；作为活性中心的氧化镁再吸附 SO_3 生成硫酸镁，在氧化还原过程后三氧化二铈又吸附气相的氧，而后被氧化生成氧化铈，得到再生。具体反应如式（1-6）～式（1-8）所示，反应过程如图 1-3 所示。

$$2CeO_2+SO_2 \longrightarrow Ce_2O_3+SO_3 \tag{1-6}$$

$$MgO+SO_3 \longrightarrow MgSO_4 \tag{1-7}$$

$$Ce_2O_3+\frac{1}{2}O_2 \longrightarrow 2CeO_2 \tag{1-8}$$

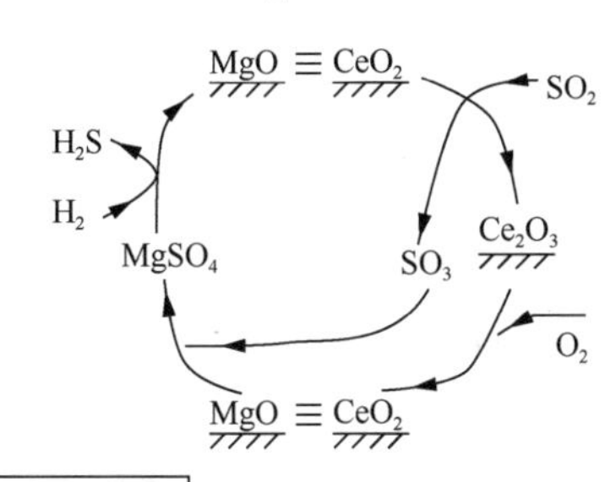

图 1-3　二氧化铈作为氧化剂的变化过程

因此研究者认为，在二氧化铈-富镁尖晶石中具有两种活性中心：一种是存在于氧化铈的活性中心位，它能氧化 SO_2，生成 SO_3；另一种活性中心位是氧化镁，它能化学吸附 SO_3，形成硫酸镁。经历以上过程，镁铝尖晶石表面就形成了铈和镁的相互竞争或协同作用。

Caero 等[75]研究了在钛铝镁氧化物中掺入镧，其能在催化裂化过程的同时去除 SO_x 和钒。通过钒捕获热液检测化学分析捕获能力，在模拟催化裂化条件下表明了其脱除 SO_x 优越的性能及较高的钒捕获能力，镧的加入对 SO_x 吸附-还原能力有利，高能力脱硫的同时也减少了钒的存在。

Pereira 等[33]和 Polato 等[64]还研究了水滑石类化合物锰镁铝尖晶石作为脱硫催化剂。最大 SO_x 的吸收峰出现在反应的前 5min，再生条件下，丙烷比氢气的效果差。从 X 射线衍射（简称“XRD”）显示的结果可知，SO_2 主要形成硫酸镁，但也间接地证明了存在硫酸锰。试验结果表明，含锰尖晶石是有应用前途的硫转移剂，如式（1-9）和式（1-10）。

$$4MnO(s) + O_2(g) \longrightarrow 2Mn_2O_3(s) \quad (1\text{-}9)$$

$$2Mn_2O_3(s) + 4SO_2(g) + O_2(g) \longrightarrow 4MnSO_4(s) \quad (1\text{-}10)$$

Pereira 等[33]也研究了具有尖晶石结构的锰镁铝氧化物作为去除 SO_x 的催化剂。$Al/(Al + M^{2+})$从 0.25 增加到 0.50，提高了具有尖晶石结构的锰镁铝金属氧化物去除 SO_x 的性能，在 530℃没有观察到还原峰，然而随着温度的慢慢增长，800℃时可观察到样品有部分再生；由于在样品中加入了氧化铈，因而增加了 SO_x 的吸附量，缩短了反应时间（10min），这也有利于再生。反应过程如式（1-11）～式（1-14）所示。

$$2MnSO_4(g) + 5H_2(g) \longrightarrow MnO(s) + MnS(s) + SO_2(g) + 5H_2O(g) \quad (1\text{-}11)$$

$$MgSO_4(s) + 4H_2(g) \longrightarrow MgO(s) + 3H_2O(g) + H_2S(g) \quad (1\text{-}12)$$

$$2MnS(s) + 3O_2(g) \longrightarrow 2MnO(s) + 2SO_2(g) \quad (1\text{-}13)$$

$$MnS(s) + H_2O(g) \longrightarrow MnO(s) + H_2S(g) \quad (1\text{-}14)$$

华东理工大学李承烈教授的课题组[10,28,49,56,76,77]主要研究了以镁铝尖晶石为基础的制备方法，对有关制备方法、不同金属元素（铈、铁、钒等）的作用及其机制都有详细的报道。尤其是金属钒的引入，不仅可以提高该助剂硫的吸附性能，还可以促进金属硫酸盐的还原。中国石油大学崔秋凯[8]也详细论证了制备污染少、不含钒，但仍具有高脱硫活性的硫转移剂。其通过提升管循环流化床中试管装置，在与实际较接近的催化裂化反应和再生操作条件下，系统地研究了其对烟气所含 SO_2 浓度及硫转移剂脱硫能力的影响。王金安等[10]通过对含铁的镁铝尖晶石的研究，发现铁的存在对烟气中的硫化物与硫转移剂发生反应起到了重要的作用：一方面，铁作为活性中心，能促进硫化物形成硫酸盐，从而提高硫被吸附的活性，并且在再生器高温情况下，形成的硫酸盐更稳定，可以减少硫酸盐的反向分解反应，但容易被氢气还原；另一方面，能产生氧空位，为后面的氧化过程吸附更多的氧，不仅产生更多的反应活性位，还能改善吸附的活性。

由于固体硫转移剂稀释后具有破坏主催化剂、制备工艺复杂、成本高等缺点，有学者开发出了液体硫转移剂。液体硫转移剂[78]与固体硫转移剂的工作原理几乎相同，不同的是，液体硫转移剂一般随原油一起注入反应器中，即加注方式不同。在催化裂化条件下，液体硫转移剂与主催化剂充分接触，液体硫转移剂发生分解后，有效成分在主催化剂表面分散沉积，从而使其成为硫转移剂活性成分的载体。催化剂活性成分负载是液体硫转移剂制备的依据，这些硫转移剂的有效成分一般含有氧化剂、吸附剂、分解促进剂等。目前，部分液体硫转移剂在一些工业化装置上得到了应用。

1.2.3 硫转移剂的应用情况

美国阿莫科石油公司从 1949 年就开始使用硅、镁作为催化裂化催化剂，通过将焦炭中的硫转化为硫化氢，以减少烟气中的 SO_x 排放。20 世纪 60～70 年代，对硫转移剂的研制工作就已经开始了，许多国家科研机构在这方面做了大量的工作，1981～1984 年，世界上主要的催化裂化催化剂制造商不仅几乎拥有了成熟的硫转移剂技术，并且在工业应用上也取得了显著的成效。用于降低 SO_x 排放的催化剂技术主要包括两个发展方向：①对催化裂化催化剂进行改性处理，使其兼具高效吸附 SO_x 的性能，即单颗粒技术；②研发降低烟气 SO_x 的专用催化剂，与催化裂化催化剂混合使用，即双颗粒技术。相对于单颗粒技术而言，双颗粒技术的显著优点在于，其助剂的添加量可根据实际需要进行灵活调整，而且对催化裂化剂性能和催化裂化反应过程的负面影响较小，因此人们更多地致力于双颗粒技术的研究。

20 世纪 80 年代中期，硫转移剂在工业应用方面取得了显著的成效。阿莫塞公司[79]开发了 HRD276 和 HRD277 两种型号的硫转移剂，前者于 1983 年工业化应用，含铈的镁铝尖晶石是其主要成分；后者于 1984 年工业化应用，二氧化铈-富镁尖晶石是其主要成分。工业试验表明，原油含硫量为 0.4%，添加助剂占主催化剂总藏量的 0.7%～3%时，脱硫率达 70%。二氧化铈-富镁尖晶石活性更高，这可能是因为与尖晶石中的晶格相比，氧化镁空间位阻更大，从而有助于减轻硫酸盐的分解。1986 年，卡塔基斯科斯公司[80]（现合并成 UOP 公司）改进了 HRD 系列硫转移剂的化学成分及物理性能，开发了新硫转移助剂 $DeSO_x$-KP-310，它加入少量过渡金属，促进了硫酸盐的还原，且更耐磨（据称 $DeSO_x$ 比以氧化铝为基础的助剂活性更高）。1983 年，继美国阿莫科石油公司后，陆续开发了氧化铝型和镁-铝尖晶石型硫转移剂[20]，又与卡塔基斯科斯公司于 1984 年共同开发了 $DeSO_x$ 工业硫转移剂，1986 年推出了名为 $SESO_x$-KD-310 的含钒的硫转移催化剂，1988 年又推出了 $DeSO_x$-KX 系列硫转移剂，并且卡塔基斯科斯公司对 $DeSO_x$ 的性能进行了不断的改进。该公司开发的 $DeSO_x$ 工业硫转移剂[80]，在美国南加利福尼亚州催化裂化装置上进行试验，排放的 SO_x 量达到了美国排放法规的要求。工业试验也证明了 SO_x 的排放量低于排放法规的要求。一般情况下，硫转移助剂的加入能降低裂化产品的收率，而该助剂对产品的收率（产率）无不利影响。

美国格雷斯-戴维逊公司开发出了 DA250、DAS300 系列硫转移剂，宣称脱硫剂脱硫率为 30%～80%，美国恩格尔哈德公司开发出了 Ultrasox-560 系列硫转移剂。另外，雷斯-戴维逊公司开发的 $DeSO_x$ 助剂已经实现了工业化。$DeSO_x$ 中的镁铝尖晶石具有很高的活性，因此能减少用量及降低成本，并可通过调整 $DeSO_x$ 助剂的添加量降低 SO_x 的排放量。恩格尔哈德公司以高岭土为原料开发的裂化催化剂，具有稳定性高、氧化能力强的特点，工业应用试验表明，可降低 82%～83%的 SO_x 排放量。硫转移剂的工业应用推动了氧化铝和稀土氧化物的使用。美国雪佛龙公司推出的硫转移技术，通过美国夏威夷炼油厂和埃尔帕森炼油厂工业试验的结果表明，原料中硫质量分数为 0.98%～1.06%时，硫转移催化 SO_x 的脱除率为 50%～70%。

20 世纪 80 年代中期到 90 年代初，国外公司开始对镁铝尖晶石的制备方法进行了改进和提高，逐渐使用溶胶-凝胶法[72,81-83]，但其过程中需要使用大量的去离子水，且过滤困难，因而很难进行工业化推广。90 年代初，美国英特催化剂公司[84]开发了一种基于水滑石[$Mg_6Al_2(OH)_8 \cdot 5H_2O$]的固体硫转移助剂 SO_x 吸收剂。SO_x 吸收剂在美国多家炼油厂进行了应用，脱硫率可达 87%。

为了更易实现工业化，20 世纪 90 年代中期，国外许多公司不断对硫转移剂的组成、原料来源及制备方法进行改进。最初，硫转移剂的制备采用沉淀法，制备过程中需要使用大量去离子水洗涤沉淀物中的杂质离子，并且因悬浊液体黏度很大导致过滤困难，不适合工业化生产操作；80 年代末出现的喷雾干燥技术同样是在碱性条件下进行的。90 年代初因特安科特公司成功研发了硫转移剂的酸法制备路线，该技术允许在较宽范围内选择生产原料，且生产过程较为简便。该方法在酸法制备的基础上，加入氟碳铈镧矿，使它与尖晶石中的氧化镁发生化学作用，具有很好的脱硫效果，且制成添加剂的物理性质更接近于催化裂化主催化剂。碱法制备也取得了一些进展，如制成的氧化镁-氧化镧-氧化铝金属氧化物具有较好的脱硫性能，同时降低了成本。

随着硫转移剂技术的不断发展，国内先后也出现了不少工业应用的试验[57,58,79,85-89]。20 世纪 80 年代末，在中国石油化工总公司的要求下，石油化工科学研究院开展了对硫转移助剂的研究工作。石油化工科学研究院[90]研制了 RSO_x-7 型硫转移剂，并在小型提升管催化裂化装置上进行了试验，烟气中 SO_x 的浓度随着加入 RSO_x 型硫转移剂量的增加而降低。当加入量增加 5%时，烟气中 SO_x 减少了 83%，对催化剂的反应性能、产品性质无明显的负面影响，在工业试验后投入规模使用。在此期间，石油化工科学研究院建立了研究硫转移剂的实验室制备、评价方法、小试载体研究及中型试验放大和评价方法等，为我国硫转移剂研究工作的进一步发展奠定了坚实的基础。石油化工科学研究院开发的 CE-011 硫转移剂，以改性镁铝尖晶石微球为载体，浸渍氧化铈等金属氧化物为活性成分，它与裂化催化剂有较好的匹配性，工业化试验表明，烟气脱硫率可达 50%以上[87]。

此外，齐鲁石化公司研究院开发了多功能催化裂化硫转移剂，在胜利炼油厂也进行了工业应用试验 [79]。该固体助剂含有碱金属和稀土金属氧化物。工业应用试验表明，硫转移剂占催化剂总量的 3%时，可使催化裂化再生烟气排放的 SO_x 减少 51.47%，NO_x 减少 37.65%，并且能在一定程度上改善催化裂化的产物分布。

洛阳石化工程公司炼制研究所研制的 LST-1 液体硫转移助剂[78]，含有吸附剂、氧化剂、分解促进剂等有效成分，在提升管装置上进行中型试验。结果表明，LST-1 添加剂的有效成分装载率为 89%～93%，反应温度、再生温度、烟气中含氧量及原料含硫量对脱硫率都有影响，脱硫率为 40%～75%，通常加入该添加剂并没有影响裂化产物分布。LST-1 液体硫转移剂随原油加入反应器，有效成分在催化剂表面吸附并沉积，从而起到了硫转移的作用。

淄博鸿丰工贸公司生产了一种多功能助剂——HL-9 型硫转移剂，其在降低催化装置烟气中 SO_x 排放量的同时，又可以防止催化剂受到重金属污染[85]。该助剂于 2001 年 5～6 月在齐鲁石化公司胜利炼油厂进行了工业试验。结果表明，HL-9 的硫转移效果和金属钝化效果较好，能脱除烟气中 67%以上的 SO_x。

中国石化集团公司沧州炼油厂工贸实业总公司在其重油催化裂化装置上进行了硫转移剂应用试验[86]，报道了一种水溶性液体，可与水以任意比例混合，名为 LT-8 的液体硫转移剂。工业试验结果说明，在正常操作情况下，添加 LT-8 液体硫转移剂可以减少 50%以上催化裂化再生烟气排放的 SO_x，并且不会对裂化产物分布和产品质量产生不良影响，该硫转移剂是一种双功能助剂，同时还具有金属钝化功能，能够代替金属钝化剂。

中国石油化工科学研究院研究开发的 RFS 硫转移助剂，以氧化镁和拟薄水铝石为原料，制备改性的镁铝尖晶石微球载体，采用共胶法直接成型[91]。该助剂在具有良好的硫转移性能的同时，还具有一定捕获镍、钒的能力。在青岛石化的初步工业试验表明，当RFS 硫转移助剂占催化剂含量的 2.5%时，硫在烟气中的浓度可从 1.8g/m^3 降低到 0.9g/m^3，同时汽油、焦炭产率基本不变，柴油产率、转化率也变化不大，加入的硫转移剂对催化裂化产物分布无不利影响。

北京石油化工研究院和兰州石化公司催化剂厂共同研制出环保型硫转移助剂LRS-25[92]，其可使催化裂化过程烟气中硫的排放得到有效降低，同时能很好地捕获物料中的镍和钡，是一种新型环保硫转移助剂。

第 2 章　硫转移剂的组成与性能的关系

SO_x是重要的空气污染物和酸雨形成的前兆，催化裂化再生烟气中SO_x含量的增加，不仅会严重腐蚀装置，而且会导致环境污染，进而危害人类健康[93-96]。相比之下，采用硫转移剂脱SO_x不需要改造装置且操作简便，是一条经济有效的技术途径[33,64]。人们对于硫转移剂的研制，经历了从金属氧化物到尖晶石，再到复合金属氧化物的发展。镁铝尖晶石或负载稀土的镁铝尖晶石型硫转移剂是近年发展比较成熟的一种，其主要是向硫转移剂中引入钒、铈氧化物，提高硫转移剂的氧化性能[97,98]。但是，钒、铈氧化物的引入，在制备过程中会对人体造成毒害，加重环境的污染，增加活性成分的成本，而且在催化裂化装置使用时，对主催化剂也会造成破坏。

为解决氧化活性成分价格昂贵且造成主催化剂破坏的问题，本章将通过溶胶-凝胶法制备含不同氧化活性成分的硫转移剂，初步探索系列硫转移剂的组成及性能；探索锰元素在不同尖晶石体系中的硫转移的性能；分析一氧化碳在还原性气流作用下对SO_x氧化吸附的影响。本章将主要研究一种操作简便、高效且价格低廉的氧化活性成分的合成方法，并可以提供较系统的研究数据。

2.1　不同氧化活性成分硫转移剂的组成与性能的关系

2.1.1　制备不同氧化活性成分的硫转移剂

已有研究者分别报道了不同金属氧化物，如铈、铜、钴、钒、铬、铁的氧化物通过浸渍或共沉淀的方法与水滑石前驱物的组合[63]，同时具有碱性和氧化性，并得出制备尖晶石的最佳方法。综合不同研究者报道的结果，未发现有研究人员系统报道不同金属氧化物硫转移剂的吸附能力。本节以拟薄水铝石为铝源，采用酸胶溶法制备一系列镁铝氧化物的前驱体，经焙烧制得到混合氧化物类硫转移剂，确定不同金属氧化物硫转移剂的吸附性能及其还原性能，找到更经济的氧化活性成分。

按照比例称取拟薄水铝石，缓缓加入烧杯中，再加入蒸馏水，搅拌 3～5min；量取盐酸，逐滴加入搅拌的浆液中，待形成均匀的凝胶后，将烧杯放入 65℃水浴中，调节 pH 值至中性；取出凝胶，加入硝酸镁搅拌均匀，并按硫转移剂组成的不同，分别称取硝酸铜、硝酸铁、硝酸镍、硝酸钴、硝酸钡、硝酸锌和硝酸铬并加入凝胶中，充分搅拌 2h，将其放入 140℃烘箱中干燥 8h，然后将其取出后放入 700℃马弗炉中焙烧 2h，之后取出研磨并筛分粒径 160～200μm 的颗粒，制得硫转移剂，备用；所得的硫转移剂分别命名为 APG-1、APG-2、APG-3、APG-4、APG-5、APG-6、APG-7。

2.1.2　硫转移剂的活性评价

图 2-1 所示为酸胶溶法制备的含不同氧化活性成分硫转移剂的氮气吸附-脱附等温曲线及孔径分布（pore size distribution，PSD）曲线。从氮气吸附-脱附等温曲线［图 2-1（a）］可以看出，孔径分布不均匀、不规则，但仍为典型的介孔结构，样品 APG-1、APG-2、APG-3 在相对压力为 0.45～1.0 出现了两级吸附台阶，相对压力较低的吸附台阶可能是氮气分子在介孔中发生的毛细凝聚现象所致，而相对压力较高的吸附台阶则是颗粒与骨架之间较大孔造成的[99,100]。样品 APG-5、APG-6、APG-7 的等温吸附量相对较小，比表面积较小。从孔径分布曲线［图 2-1（b）］上可以看到，孔径分布是在介孔范围内，最概然（曾称最可几）孔径依次为 7.6nm、9.4nm、7.6nm、9.1nm、6.5nm、16.3nm、17.3nm。

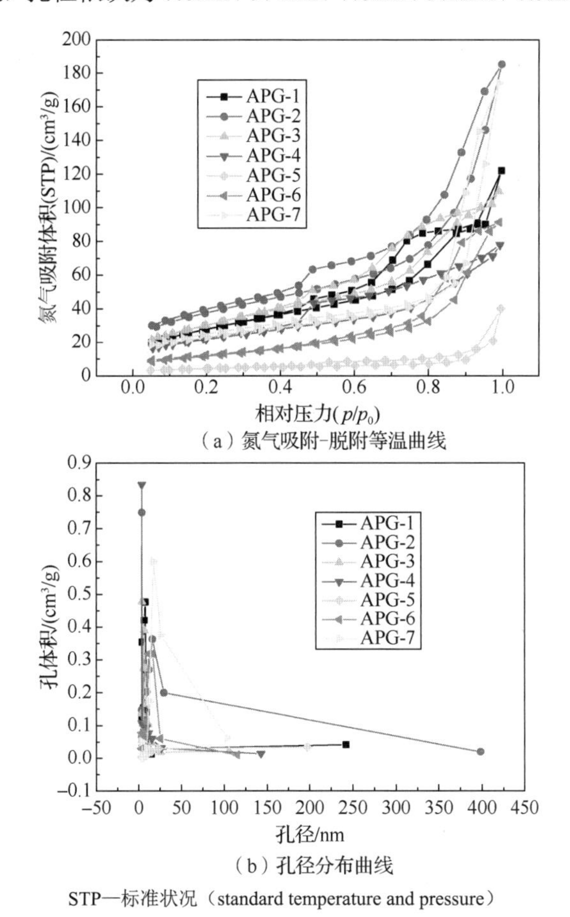

（a）氮气吸附-脱附等温曲线

（b）孔径分布曲线

STP—标准状况（standard temperature and pressure）

图 2-1　酸胶溶法制备的含不同氧化活性成分硫转移剂的氮气吸附-脱附等温曲线及孔径分布曲线

从图 2-2 可以看出，样品在 700℃焙烧时，原有的层状结构坍塌，均形成了弱 Mg(Al)O 晶相[63]。对于样品 APG-7，铬酸镁（$MgCr_2O_4$）相和 Mg(Cr, Al)O 相[63]同时出现，与 Polato

等[30]研究的样品在 750℃焙烧时的结果一致；样品 APG-1、APG-3 均出现了 Mg(Al)O 相和尖晶石相，有所不同的是，样品 APG-1 还有氧化铜晶相，而样品 APG-3 没检测到含镍的相关结构，这说明镍在样品 APG-3 中具有很好的分散性；样品 APG-2、APG-4 分别出现了钴和铁的混合氧化物及 Mg(Al)O 晶相[101-103]；样品 APG-5、APG-6 分别出现钡尖晶石（$BaAl_2O_4$）相、锌尖晶石（$ZnAl_2O_4$）相。

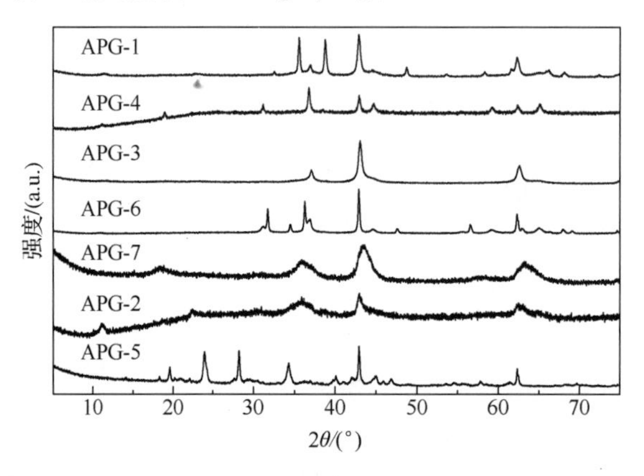

图 2-2　含不同氧化活性成分硫转移剂的 XRD 谱图

金属氧化物的红外吸收信号主要分布在中红外区和远红外区[44,104]。图 2-3 所示为酸胶溶法制备的含不同金属氧化活性成分硫转移剂的傅里叶变换红外光谱（FTIR）图，从图中可以看出，各样品具有非常相似的红外光谱特征。经热处理后，谱图中 3 500～3 400cm^{-1} 出现的宽峰为样品中的水羟基振动峰；在指纹区 1 000cm^{-1} 以后出现的峰为复合氧化物中部分金属与氧形成的 M—O 特征峰，在 1 500cm^{-1} 附近出现的峰对应的是金属形成的 M—O 桥键与其他金属通过化学键形成的网状结构，而且随着体系的组成变化，红外光谱吸收带频率也发生变化。

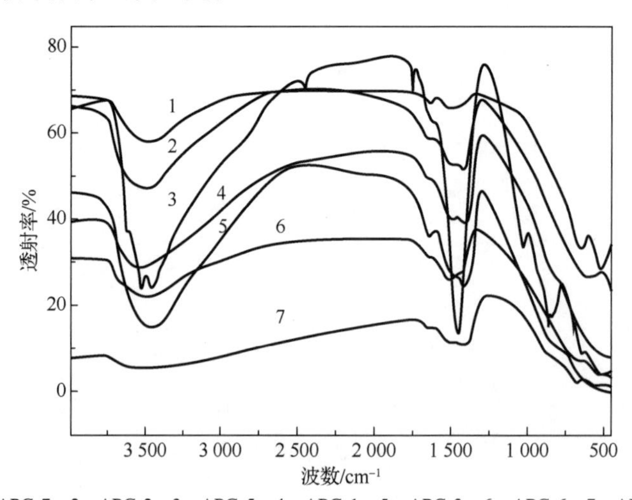

1—APG-7；2—APG-2；3—APG-5；4—APG-1；5—APG-3；6—APG-6；7—APG-4

图 2-3　含不同氧化活性成分硫转移剂的 FTIR 谱图

基于以上物化性能的分析，样品在 700℃焙烧后，本节考察了含不同氧化活性成分硫转移剂的脱硫活性。由图 2-4 可看出，不同氧化活性成分制得的硫转移剂均具有一定的氧化脱硫性能，SO_2 的氧化脱除顺序为 APG-1>APG-7>APG-2>APG-3>APG-5>APG-4≈APG-6。这是因为氧化铜有利于 SO_2 的氧化[46,105-108]，所以脱硫性能明显。Centi 等研究认为[46,106]，铜的作用体现在以下几个方面：①铜具有氧化性，可以将 SO_2 氧化成 SO_3，提高脱硫率；②铜参与形成了硫酸盐；③铜改变了载体表面活性。他们又根据化学动力学的研究提出了如下反应模型：①SO_2 氧化成 SO_3 并能吸附在铜活性位上；②化学吸附后的 SO_3 与铜物种形成硫酸盐；③与铜相连的硫酸盐迁移至相邻的铝活性位上形成与铝相连的硫酸盐，还原态的铜再通过氧气快速再生。Rodriguez 等认为[109]在氧化镁中引入铬、铁时，处于较低的化学价态（如铬离子、亚铁离子），没有被完全氧化，因此有利于形成低稳定性的电子状态，促进了与 SO_2 的作用。

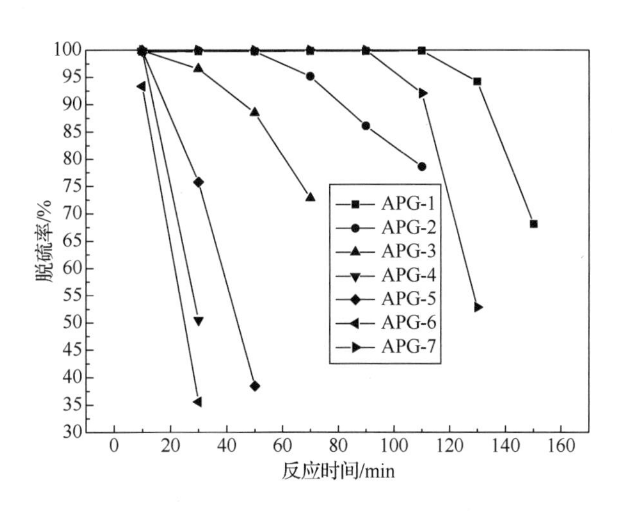

图 2-4　含不同氧化活性成分硫转移剂的脱硫活性

图 2-5 所示为含不同氧化活性成分硫转移剂反应后的 XRD 谱图。谱图表明，反应后，样品 APG-1 中氧化铜相和镁铝金属氧化物([Mg(Al)O])相依然存在，出现了新晶相 $Cu_{1-x}Al_x(SO_4)_{0.5}$ 和硫酸镁；样品 APG-7、APG-2 中镁铝金属氧化物晶相消失，出现新晶相，为硫酸镁；样品 APG-4、APG-6 中依然存在镁铝金属氧化物相，但没有出现硫酸盐晶相。考虑到脱硫性能分析，一方面说明氧化镁是吸附 SO_2 的活性位，并形成硫酸镁；另一方面过渡态金属与镁铝之间形成了协同作用，以致含铜的样品脱硫性能最好，而含钡、钴的样品效果最差。

同样，对于反应后的样品，吸附脱硫后的变化，采用 FTIR 测定了样品吸附 SO_2 后的谱图。由图 2-6 可知，吸附后的样品在 1 140cm^{-1}、1 020cm^{-1} 附近均出现 S═O 双键和 O—S—O 单键的伸缩振动吸收峰，这表明该系列样品应该存在与 SO_2 产生吸附或反应的活性位。

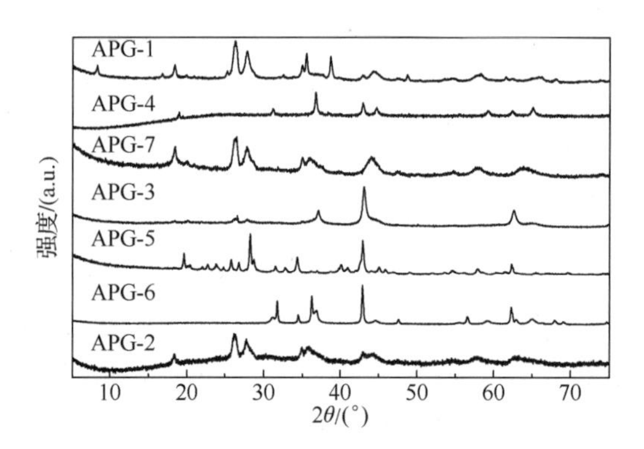

图 2-5　含不同氧化活性成分硫转移剂反应后的 XRD 谱图

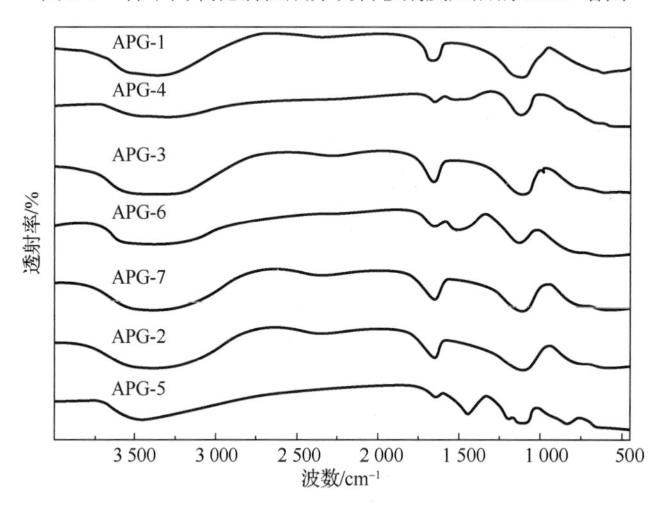

图 2-6　含不同氧化活性成分硫转移剂反应后的 FTIR 谱图

2.1.3　硫转移剂的 TG-DTA①分析

本节利用 DTU-2A 热重-差热分析仪考察了含不同氧化活性成分硫转移剂失活后的还原再生性能。从图 2-7 可以看出，不同金属活性成分的硫转移剂失活后也可还原，所不同的是最大还原速率的还原温度不同，一般为 400～630℃，还原难易程度顺序为 APG-1>APG-2>APG-3>APG-4>APG-6>APG-5≈APG-7。Palomares 等[61]研究表明，铜镁铝金属氧化物脱硫反应后的还原性优于钴镁铝金属氧化物，其归因于硫化铜比硫化钴易还原，与样品 APG-1 的还原性高于样品 APG-4 的还原性的结果一致。Wang 等[16]认为铁参与了硫酸盐的形成，而在还原过程中产生更多的氧空位，有利于氧气的吸附，从而提高了还原后的脱硫性能。Kim 和 Juskelis[42]考察了镁镧铝金属氧化物中引入不同过渡金属后还原再生性能的变化，结果表明，丙烷还原再生能力的顺序为钒>铈>铁>铬，这与样品 APG-2 的还原性高于样品 APG-7 的还原性的结果一致。从表 2-1 可知，样品 APG-1 出

① TG-DTA（thermogravimetric-differential thermal analysis，热重-差热分析）。

现明显的两次失重峰，起始失重温度较低，达到最大还原速率时的温度也较低，而其他样品仅有一个失重峰，起始还原温度及达到最大还原速率时的温度相对较高。

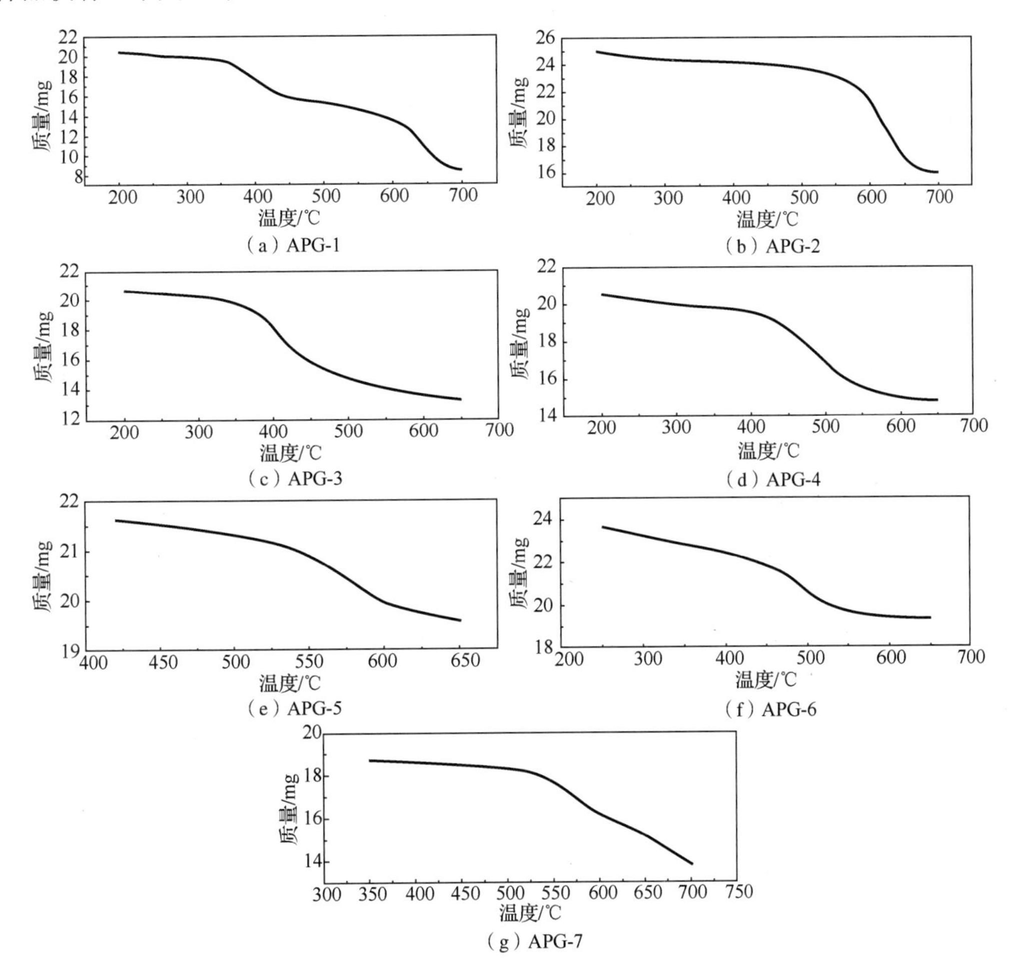

图 2-7　含不同氧化活性成分硫转移剂失活后的还原再生性能

表 2-1　硫转移剂还原再生性能分析结果

项目	APG-1	APG-2	APG-3	APG-4	APG-5	APG-6	APG-7
起始失重温度/℃	280	275	350	400	490	436	480
终止失重温度/℃	700	704	650	570	640	704	690
第一失重率/%	21.26	33.99	21.26	11.44	7.42	12.77	27.76
第二失重率/%	32.55	—	—	—	—	12.99	—
总失重率/%	53.81	33.99	21.26	11.44	7.42	25.76	27.76
最大还原速率/%	0.55	0.56	0.39	0.32	0.23	0.38	1.02
达到最大还原速率时的温度/℃	407	416	499	490	579	577	627

2.2　镁铝铁型硫转移剂的组成与性能的关系

镁铝尖晶石作为硫转移剂已经应用到催化裂化过程中，但其催化性能还在不断改进中，许多研究者通过浸渍不同金属氧化活性成分，如铁、镧、铈、锰等[32,33,61,110]，致力于其结构的改性。研究发现，三价铁离子能取代尖晶石中部分铝离子，形成 $MgAl_{2-x}Fe_xO_4$，从而改善失活剂的还原性能，但若铁含量过高，容易引起催化过程的严重结焦[19]。镧比铈更具有捕集 SO_2 的能力，也是较好的氧化剂，这使 SO_2 被氧化的速率更快，但镧属于稀土金属，价格较贵，不适宜大量生产[40,75,111]。锰相对于其他金属价格便宜，涉及氧化还原反应工艺，加入锰是比较理想的选择，它是一种有效的催化剂，因为锰元素可以呈现不同的价态（+2、+3、+4 和+7）。特别是对硫的消除过程，锰氧化物已经被作为车用催化剂来研究，用以捕捉柴油和汽油发动机用尽气体中 SO_x，以提高发动机使用寿命。然而，关于作为催化裂化单元硫转移助剂的应用，含锰助剂的使用还没有被系统地研究[32,33,64]，如果能更好地利用锰元素的可变价态，将会带来可观的经济效益。人们以镁、铝、铁为前驱体，通过 TG-DTA、XRD、BET、FTIR 等表征了样品的物化性能，考察了锰对该体系脱硫的影响，并对比研究了镧在该体系中的作用。

2.2.1　硫转移剂的活性评价

根据文献[112-114]，尖晶石（或类水滑石）前驱体的失重峰多出现在 200～500℃，有一失重宽峰出现在 200～300℃，这部分失重是样品内部包含的水随温度的升高而失去引起的；另一个失重峰出现在 350～450℃，这部分失重是样品结构中的羟基或者硝酸根在较高温度下引起的。

不同样品的 TG-DTA 曲线如图 2-8（a）～（f）所示。从图 2-8 可知，在 350℃以前出现的是一些非常相似的失重峰，在 400℃才出现了不同的失重峰[115]。根据试验结果可以认为，在 350～400℃出现的失重峰是由样品表面的硝酸根的热分解引起的；高于 400℃出现的失重峰是由样品内部硝酸根及结构中羟基热分解引起的。在 500℃以上焙烧的样品，也有很好的热稳定性，再考虑到催化裂化再生器中催化剂再生温度 700℃左右，可选取 700℃作为样品的焙烧温度。

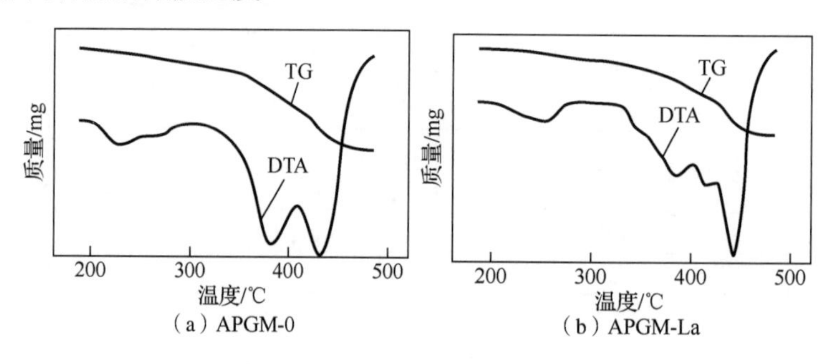

（a）APGM-0　（b）APGM-La

图 2-8　不同样品的 TG-DTA 曲线

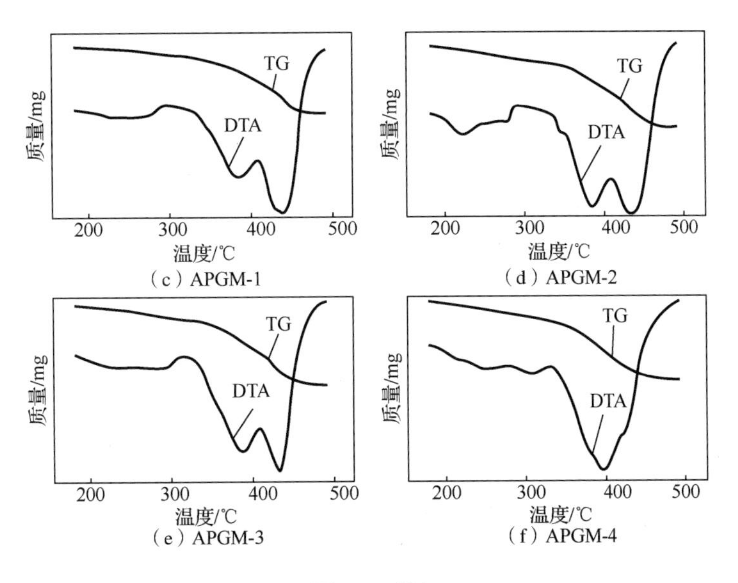

图 2-8（续）

图 2-9 所示为样品的氮气吸附-脱附等温曲线及孔径分布曲线。图 2-9（a）的氮气吸附-脱附等温曲线表明样品都为典型的介孔材料，其滞后环为 H2 型。在相对压力为 0.5～1.0 时，出现了两级吸附台阶；在相对压力为 0.5～0.9 时，发生的氮气分子在孔径 5nm 附近的介孔中的毛细凝聚现象造成了其中一级台阶；在相对压力为 0.9～1.0 时，吸附台阶则是颗粒与骨架之间较大孔造成的[116]。孔径分布曲线表明两样品孔径分布分别集中在 5.14nm 和 5.12nm 处，在 10～40nm 是一个很平坦的分布峰。表 2-2 表明，样品的比表面积和孔体积要小得多，分别为 $93m^2/g$、$0.14m^3/g$ 和 $84m^2/g$、$0.15m^3/g$。这是因为锰在 APGM-0 上的团聚阻塞了介孔结构，使得其比表面积和孔径分布都发生变化。

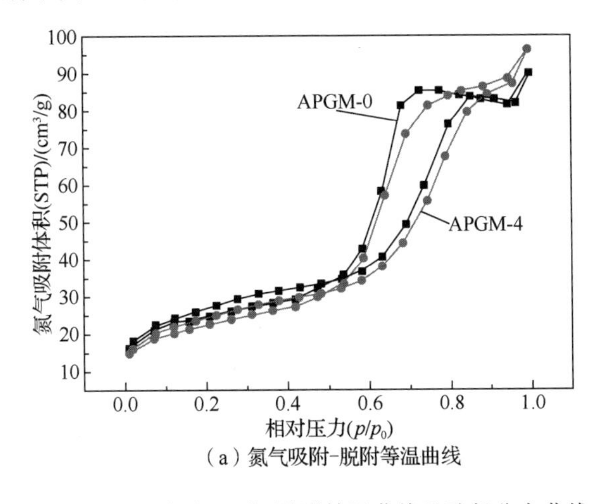

（a）氮气吸附-脱附等温曲线

图 2-9　样品的氮气吸附-脱附等温曲线及孔径分布曲线

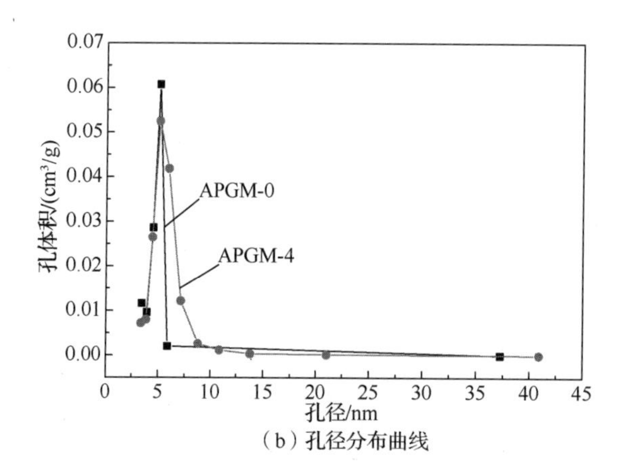

（b）孔径分布曲线

图 2-9（续）

表 2-2　焙烧样品的结构特征

样品	比表面积/（m^2/g）	孔体积/（cm^3/g）
APGM-0	93	0.14
APGM-4	84	0.15

从图 2-10 可以看出，不同锰含量对镁铝铁体系的硫转移性能的影响比较明显，锰含量越增加，脱硫效果越好，当锰含量达到 5.0%时，SO_2 脱除率最高，即 SO_2 的吸附量最大；样品 APGM-1、APGM-2、APGM-3 脱硫效果都较差。据文献报道[33]，三价锰离子是活性中心，能促进 SO_2 的氧化，其中三价锰离子是样品在制备过程中二价锰离子氧化得到的。程文萍[7]的研究表明，随着氧化促进剂金属含量的增大，镁含量相应减少，会导致复合氧化物的饱和硫含量减少，这是因为镁是复合金属氧化物的有效吸附中心，主要作用是吸附 SO_3，使其形成了硫酸盐，但从试验来看，锰含量的增加不但没有降低硫含量反而它有增大的趋势。从图 2-10 还可以看出，当镧含量为 8.0%时，该体系也具有一定的氧化脱硫效果。因此，以上分析说明锰是一种优良的氧化促进剂，仅少量的锰就可以达到较好的催化氧化效果。

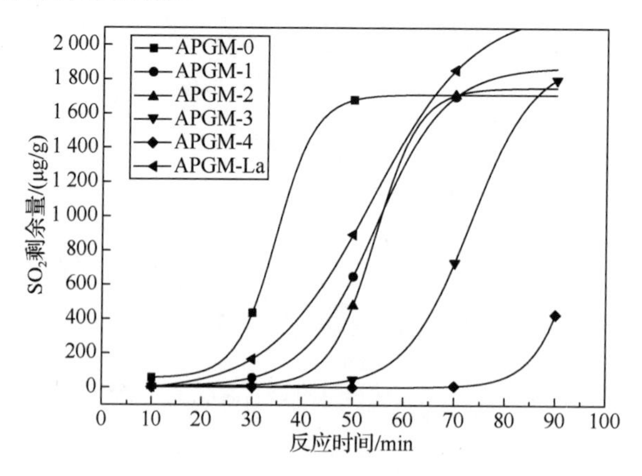

图 2-10　不同硫转移剂的脱硫活性

在催化裂化过程中，硫转移助剂与催化裂化主催化剂一起进行各自的反应和再生。硫转移剂的可再生性能是衡量其总体性能的重要指标之一。将硫转移助剂进行了 8 次反应-再生试验，结果如图 2-11 所示，样品 APGM-4 第一次失活的再生剂脱硫效果基本保持不变，随着循环次数的增加，5 次循环后，硫转移剂的活性缓慢下降，再生效率差别不大。

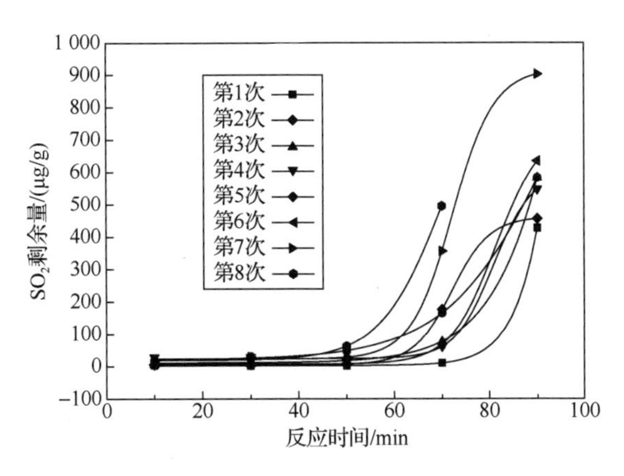

图 2-11　APGM-4 的脱硫活性

图 2-12 是不同锰含量的 XRD 谱图。从图 2-12 可以看出，样品 APGM-0 出现较弱的 Mg(Al)O 晶相，图中未出现铁氧化物的峰，说明铁含量在一定范围内可以合成镁铝铁尖晶石；随着锰含量的增加，样品 APGM-1、APGM-2、APGM-3 晶相衍射峰很相似，但也出现了与锰相关的特征衍射峰四氧化三锰[$Mn^{2+}(Mn^{3+})_2O_4$]相，这说明部分二价锰离子在焙烧过程中被氧化成三价锰离子，并形成了黑锰矿型晶相[66]；而样品 APGM-4 出现镁铝锰尖晶石晶相，成为金属元素均匀分布的复合金属氧化物。

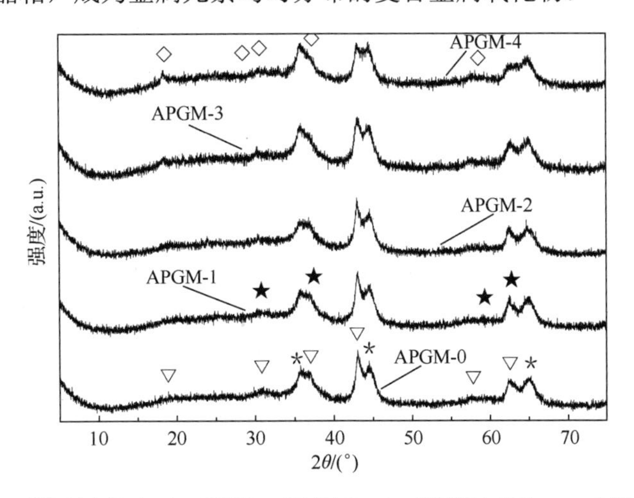

▽—镁铝铁尖晶石；★—四氧化三锰黑锰矿；◇—锰镁铝尖晶石；*—方镁石

图 2-12　不同锰含量复合金属氧化物的 XRD 谱图

图 2-13 所示为样品 APGM-4 失活及被还原后的 XRD 谱图。从图 2-13 可以看出，样品 APGM-4 失活后，镁铝锰尖晶石晶相峰消失，出现硫酸镁和镁铝尖晶石的晶相峰[64]；经过还原处理后，硫酸镁和镁铝尖晶石的晶相峰依然存在，又出现了硫化锰晶相峰，尽管其 XRD 谱图没有检测到硫酸锰晶相的存在，这也间接地证明了失活后硫酸锰的存在，也证明了三价锰离子在氧化 SO_2 后得到电子生成硫酸锰。图 2-14 所示为样品 APGM-4 经过 8 次反应-再生循环使用后的 XRD 谱图。从图 2-14 可以看出，样品在失活后镁铝锰尖晶石晶相峰消失，硫酸镁和镁铝尖晶石的晶相出现。

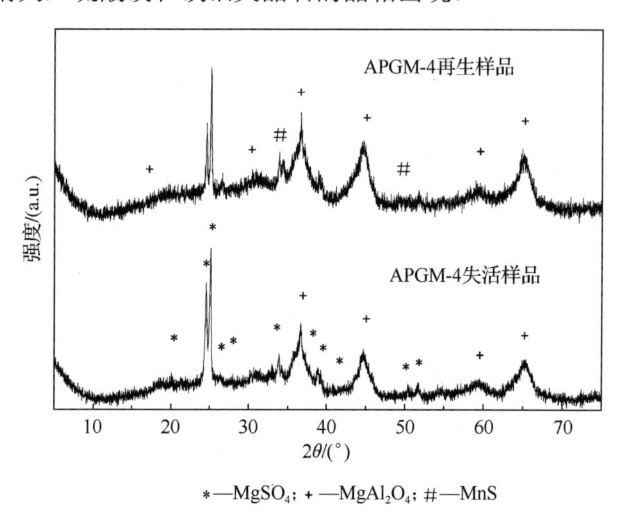

图 2-13　样品 APGM-4 失活及被还原后的 XRD 谱图

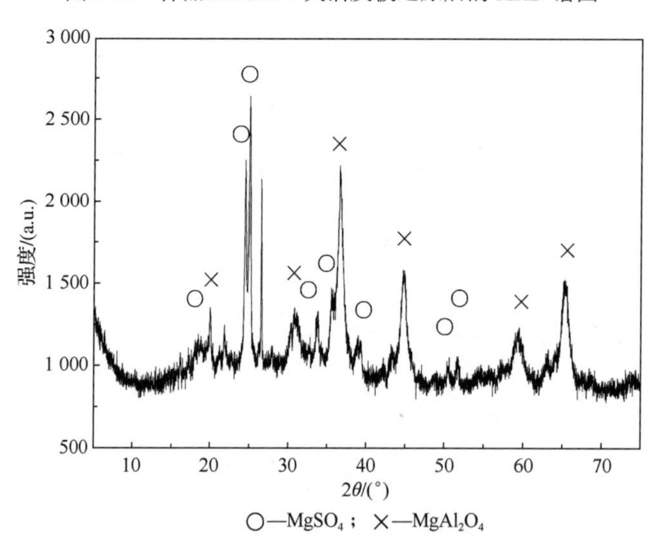

图 2-14　样品 APGM-4 经过 8 次反应-再生循环使用后的 XRD 谱图

从图 2-15 可以看出，样品 APGM-4 在 3 450～3 410cm^{-1} 出现宽峰，这是由于吸附在样品表面的水中羟基伸缩振动引起的，且这种宽峰波数随着温度的升高会发生改变[44]。

新鲜样品中 1 500cm^{-1} 出现伸缩振动峰；而失活后的样品 1 500cm^{-1} 处峰消失，在 1 018cm^{-1}、1 109cm^{-1} 和 1 173cm^{-1} 出现了新的骨架振动峰，这些峰是由对称的 O═S═O 双键和 O—S—O 单键伸缩振动引起的[44,117]。这也说明，在样品表面存在稳定的硫酸盐物种，这些硫酸盐物种是由于 SO_2 与样品之间发生反应或化学吸附形成的[118-120]。由图 2-14 可知，还原后的样品尽管没有硫酸锰物相，但也证明了还原的样品有硫化锰晶相，如图 2-15 所示，在 1 174cm^{-1}、1 088cm^{-1} 和 1 019cm^{-1} 依然出现峰强度稍弱的 O—S 键伸缩振动峰，这说明样品中存在除硫酸镁之外的其他硫酸盐物种，该硫酸盐应该是硫酸锰。

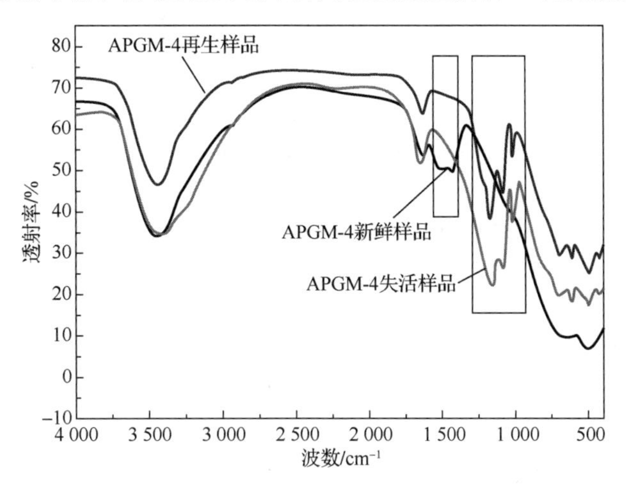

图 2-15　样品 APGM-4 新鲜、失活及还原后的 FTIR 谱图

2.2.2　一氧化碳对脱硫的影响

在催化裂化再生器中烧焦时，二氧化碳、一氧化碳、SO_x 等气体能形成，因此模拟一氧化碳研究硫转移剂的变化也相当重要。选择不同硫转移剂在混合一氧化碳下对比氧气、二氧化碳、SO_2 的变化情况，以此考察一氧化碳对脱硫的影响，如表 2-3 所示。混合气体组成：二氧化碳为 10%（体积分数），一氧化碳为 8%（体积分数），氧气为 7.6%（体积分数），其余为氮气。

表 2-3　一氧化碳对脱硫的影响

样品	气体组成	各次循环的测量结果				
		第 0 次	第 1 次	第 2 次	第 3 次	第 4 次
APGM-0	氧气占比/%	7.6	4.9	8	—	—
	SO_2 含量/（μg/g）	1 900	7	1 113	—	—
	二氧化碳占比/%	10	12.1	9.8	—	—
	一氧化碳占比/%	8	5.9	7.9	—	—
APGM-1	氧气占比/%	7.6	5.4	8.2	8	—
	SO_2 含量/（μg/g）	1 900	6	607	1 289	—
	二氧化碳占比/%	10	11.7	9.6	9.1	—
	一氧化碳占比/%	8	6.3	7.5	7.8	—

续表

样品	气体组成	各次循环的测量结果				
		第 0 次	第 1 次	第 2 次	第 3 次	第 4 次
APGM-2	氧气占比/%	7.6	4.5	7.5	8	—
	SO_2 含量/（μg/g）	1 900	5	462	1082	—
	二氧化碳占比/%	10	12.4	10.2	9.7	—
	一氧化碳占比/%	8	5.6	7.8	7.6	—
APGM-3	氧气占比/%	7.6	4.8	5.2	7.7	8
	SO_2 含量/（μg/g）	1 900	12	7	258	1 011
	二氧化碳占比/%	10	12.2	11.9	10	9.5
	一氧化碳占比/%	8	5.8	6.1	7.9	8
APGM-4	氧气占比/%	7.6	5.4	5.5	7	7.8
	SO_2 含量/（μg/g）	1 900	6	6	215	941
	二氧化碳占比/%	10	11.8	11.7	10.6	9.9
	一氧化碳占比/%	8	6.2	6.3	7.4	7.8

再生器中可出现反应：

$$2CO + O_2 \longrightarrow 2CO_2 \tag{2-1}$$

$$2SO_2 + O_2 \longrightarrow 2SO_3 \tag{2-2}$$

$$MO + SO_3 \longrightarrow MSO_4 \tag{2-3}$$

由表 2-3 可看出，一氧化碳对脱硫的影响并不很明显[64]，混合气中二氧化碳含量随着反应的进行出现先增大后不断减少的趋势，氧气含量却随着反应的进行出现先减少后逐渐增加的趋势，由此可以推断应该是式（2-1）这步反应发生了变化。原因可能是硫转移剂中的金属氧化物是吸附中心，也是氧化中心，它吸附氧气聚集在其表面形成氧物种，然后吸附 SO_3 和一氧化碳到表面，一氧化碳与活泼的氧物种发生氧化反应生成二氧化碳，SO_3 则形成金属硫酸盐。随着反应的进行，金属氧化物逐渐形成金属硫酸盐，金属氧化物的量减少，式（2-1）反应程度变弱，二氧化碳的生成量减小；而随着式（2-1）和式（2-2）反应程度的变弱，氧气含量不断增加，基本符合实验数据规律。

2.3　锰铝型硫转移剂的组成与性能的关系

镁铝尖晶石或负载稀土的镁铝尖晶石型硫转移剂是近年发展比较成熟的一种，已有研究者对其制备方法[48]、组成、水热稳定性和脱硫效果、各活性成分的作用机理进行了探讨[121-123]，也有部分产品进行了工业试验[124]。对比不同作者报道的结果发现，对不同金属氧化物硫转移剂的吸附能力的对比研究较少。以拟薄水铝石为铝源，采用酸胶溶法制备锰铝金属氧化物前驱体，经焙烧制得混合金属氧化物类硫转移剂，然后利用实验室自制的脱硫评价设备，可初步确定不同金属氧化物硫转移剂的吸附性能。

2.3.1　硫转移剂的物化性能分析

对 140℃干燥的硫转移剂前驱体分别做 TG-DTA 测试，则不同硫转移剂前驱体的 TG-DTA 曲线如图 2-16 所示，其中图 2-16（a）主要有两个大的失重区间，当温度为 200℃左右时，出现失重峰，失重率为 3.2%，失重部分应是未被完全蒸发的物理吸附水；当温度为 350℃时，前后出现两个很强的失重峰，应是 $APGM_x$-0 的分解；当温度为 230～400℃时，失重率为 27.6%，失重部分应为层间结构水；当温度为 650℃时，$APGM_x$-0 具有好的热稳定性。图 2-16（b）中，当温度为 350℃时，出现两个应是 $APGM_x$-1 分解峰，而图 2-16（c）～（f）中出现的是单峰，且分解温度差别不大。另外，考虑到催化裂化再生器的温度，可选用 700℃作为焙烧温度。

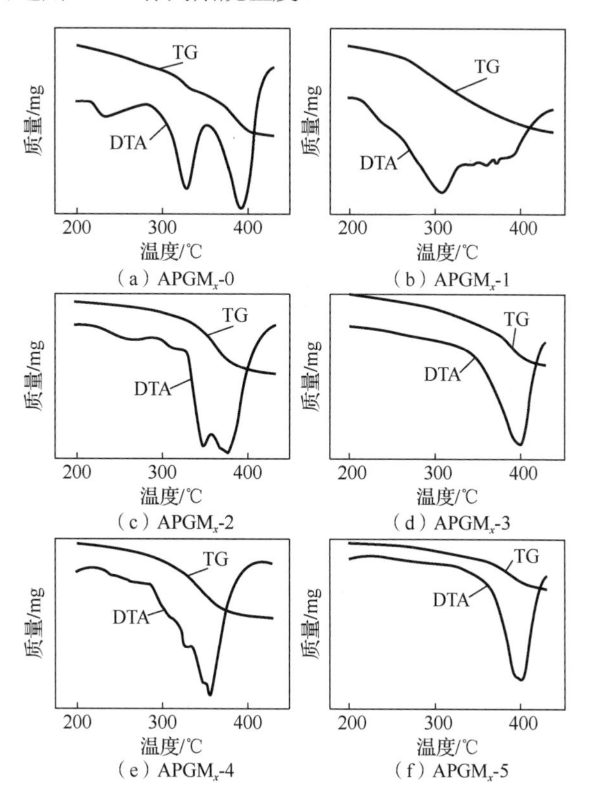

图 2-16　不同硫转移剂前驱体的 TG-DTA 曲线

金属氧化物的红外吸收信号主要分布在中红外区和远红外区，并且主要集中于 1 150～50cm^{-1}。图 2-17 所示为不同金属体系硫转移剂的 FTIR 谱图，各样品具有相似的红外光谱特征。经热处理后，高频区的羟基伸缩振动尖峰消失[44]，表明金属氢氧化物已经完全分解为金属氧化物，但谱图中 3 500～3 400cm^{-1} 仍出现宽峰应为水的羟基伸缩振动，由样品的物理吸附水引起的；其次在 668.16cm^{-1}、537.87cm^{-1}、668.52cm^{-1}、549.67cm^{-1}、514.06cm^{-1}、530.86cm^{-1}、433.87cm^{-1}、529.17cm^{-1} 附近出现的峰应该分别代表复合金属氧化物中部分金属钴、锌、铜、锶和钡与氧形成的 Co—O、Zn—O、Cu—O、Sr—O 和 Ba—O 特征峰，其可利用金属形成的—O—M—O—桥键与其他金属通过化学键形成网络结构。另外，红外光谱吸收带频率的变化说明，振动吸收频率与 M—O 之间的键作用力有关，随着体系组成的变化，金属分布状况应该发生了改变。

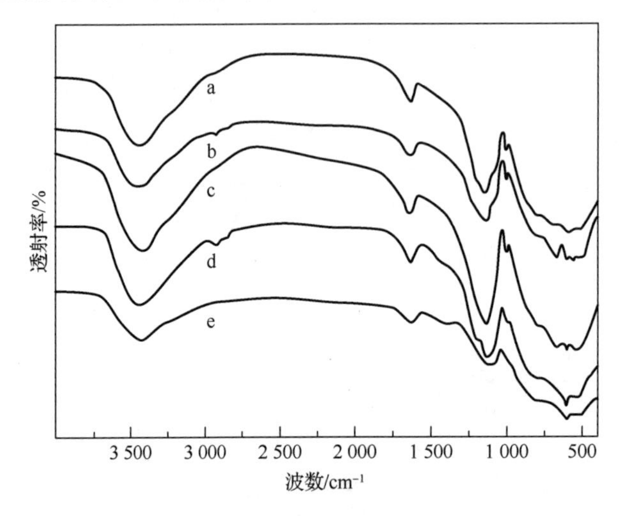

a—APGM$_x$-3；b—APGM$_x$-2；c—APGM$_x$-1；d—APGM$_x$-4；e—APGM$_x$-5

图 2-17　不同金属体系硫转移剂的 FTIR 谱图

为确定 SO_2 在吸附脱硫后的变化，用 FTIR 测定了不同体系吸附后的样品，如图 2-18 所示。5 个吸附后的样品在 1 140cm^{-1}、1 020cm^{-1} 附近均出现 S═O 双键和 O—S—O 单键的伸缩振动吸收峰，这表明该系列样品应该存在与 SO_2 反应产生强烈吸附和反应的活性位。

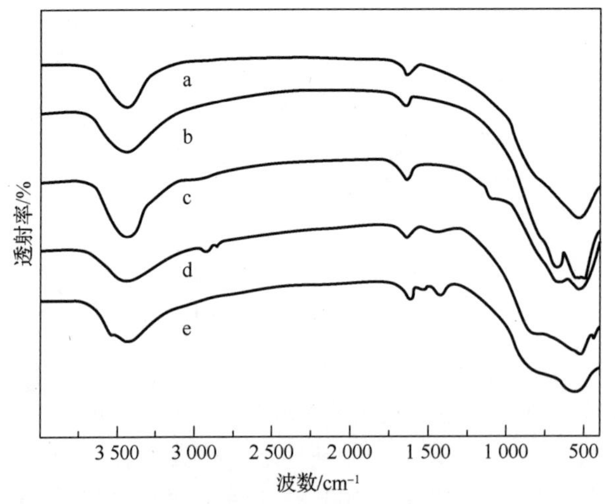

a—APGM$_x$-3；b—APGM$_x$-2；c—APGM$_x$-1；d—APGM$_x$-4；e—APGM$_x$-5

图 2-18　不同硫转移剂使用后的 FTIR 谱图

2.3.2　不同金属氧化物对硫转移剂性能的影响

将 0.500g 左右样品加入反应器，考察不同金属氧化物硫转移剂对 SO_2 脱除的影响，结果如表 2-4 所示。

表 2-4　不同体系硫转移剂脱硫效果　（单位：μg/g）

样品*	$APGM_x$-1	$APGM_x$-2	$APGM_x$-3	$APGM_x$-4	$APGM_x$-5
第 1 次 20min SO_2 含量	5	8	5	7	6
第 2 次 20min SO_2 含量	5	16	137	263	454
第 3 次 20min SO_2 含量	55	298	395	777	1 800
第 4 次 20min SO_2 含量	710	1 651	1 796	1 843	—
第 5 次 20min SO_2 含量	1 806	—	—	—	—

*样品按 $Al/(Al+Mn+M^{2+})$摩尔比=0.5、M^{2+}/Mn 摩尔比=0.3 制备。

据文献报道[30]，硫吸收水平的理论计算认为只有含镁的金属氧化物能吸收硫，形成硫酸盐。5 种硫转移剂均具有不同程度的氧化吸硫性能，脱硫性能对比趋势如表 2-4 所示，结果表明，SO_x 吸附性能顺序为 $APGM_x$-1> $APGM_x$-2> $APGM_x$-3> $APGM_x$-4> $APGM_x$-5。

2.3.3　不同金属比例的硫转移剂对脱硫的影响

将 0.500g 左右样品加入反应器，考察不同比例对氧化脱硫的影响，结果如图 2-19 所示。随着锰、钴含量的增加，SO_2 的脱除率也增大，即图 2-19 中(■)所示结果。$APGM_x$-0.25 具有较高的脱硫率，较低的 SO_2 含量可维持 120min 基本不变。Pereira 等[33]、Polato 等[64]曾报道过，$Al/(Al+Mn+M^{2+})$=0.5 的比例关系氧化吸附 SO_2 的效果较好，这可能与制备方法的不同有关，而导致不同吸硫性能的原因可能是，当 $Al/(Al+Mn+M^{2+})$>0.33 时，相邻的铝离子数量增加，增加的阳离子之间的排斥力扩大了铝离子之间的距离，不同金属离子扩散到样品的晶格结构中，不断沉积在内孔壁上，影响了脱硫的效果。

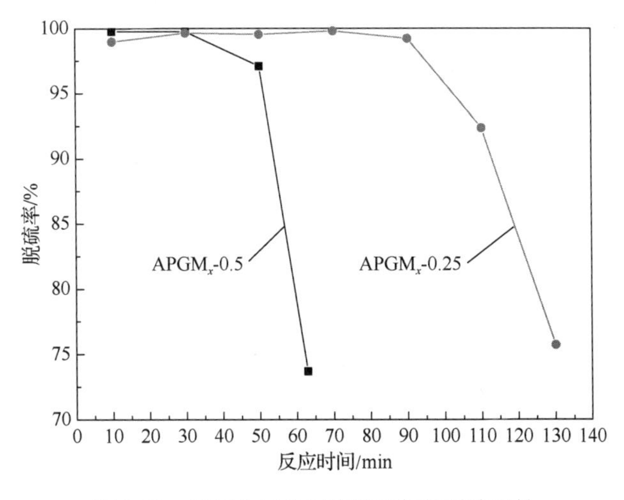

图 2-19　不同金属比例硫转移剂的脱硫活性

图 2-20 和图 2-21 所示分别为不同金属氧化物含量对氧化脱硫性能影响的 XRD 谱图。图 2-20 中新鲜样品曲线明显可见游离态氧化铝、四氧化三锰、四氧化三钴的特征峰，峰形比较明显，且焙烧后锰、钴都存在+2、+3 两个价态。对比失效样品曲线，三价锰离子已经全部转化成二价锰离子，以硫酸锰形式存在。由此可见，锰的引入有利于 SO_2 的氧化，并能吸附氧化产物形成硫酸锰，在氧化吸附中，三价锰离子应是活性中心，过量的氧气把二价锰离子氧化成三价锰离子，当 SO_2 氧化成 SO_3 时，三价锰离子被还原成二价锰离子，从而形成硫酸锰，而游离态的氧化铝、四氧化三钴在反应前后基本没有明显变化。

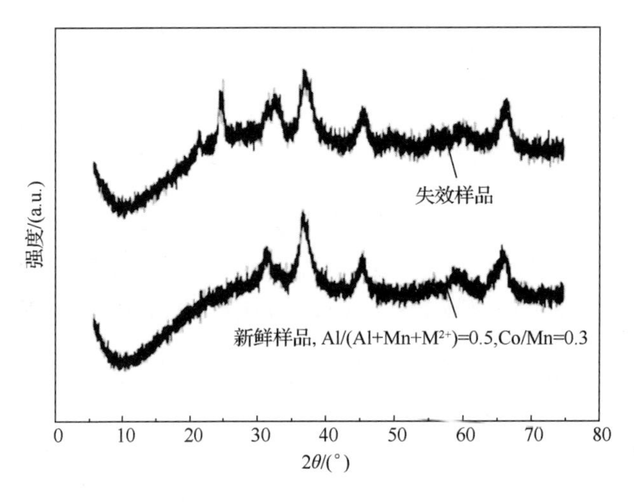

图 2-20　APGM$_x$-0.5 氧化物使用前后 XRD 谱图

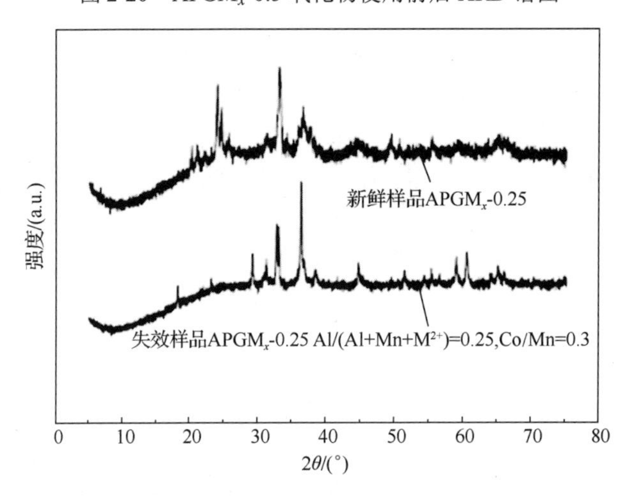

图 2-21　APGM$_x$-0.25 氧化物使用前后 XRD 谱图

随着铝含量的减少，XRD 谱图没有明显的氧化铝特征峰，如图 2-21 中两条曲线，这也表明氧化铝在该体系中应该具有较好的分散性；并且焙烧后锰、钴都存在+2、+3 两个价态，峰型比较明显。失效 APGM$_x$-0.25 曲线中，三价锰离子已经全部转化成二价锰离子，三价钴离子也有部分转化成二价钴离子，以硫酸盐的形式存在。由此可见，钴

的引入也有利于 SO_2 的氧化吸附，在氧化吸附中三价钴离子应该是活性中心，过量的氧气把二价钴离子氧化成三价钴离子，当 SO_2 氧化成 SO_3 时，三价钴离子被还原成二价钴离子从而形成硫酸钴。

2.3.4　一氧化碳对脱硫的影响

选择不同硫转移剂在混合一氧化碳下对比氧气、二氧化碳、SO_2 的变化情况，以此考察一氧化碳对脱硫的影响，表 2-5 所示为一氧化碳对脱硫的影响对比。

表 2-5　一氧化碳对脱硫的影响对比

样品编号	S-1			S-2			S-3			S-4			S-5		
	氧气含量	SO_2 含量	二氧化碳含量	氧气含量	SO_2 含量	二氧化碳含量	氧气含量	SO_2 含量	二氧化碳含量	氧气含量	SO_2 含量	二氧化碳含量	氧气含量	SO_2 含量	二氧化碳含量
0	7.6	1 900	10	7.6	1 900	10	7.6	1 900	10	7.6	1 900	10	7.6	1 900	10
1	4.12	9	12.73	3.77	12	12.96	4.01	31	12.78	4.06	9	12.74	4.08	107	12.73
2	4.24	115	12.60	4.23	424	12.62	4.19	615	12.65	4.52	667	12.40	4.36	1 859	12.37
3	4.35	1 234	12.46	4.53	1 580	12.38	4.44	1 721	12.47	4.80	1 809	12.19	—	—	—
4	4.71	1 904	12.24	—	—	—	—	—	—	—	—	—	—	—	12.37

注：S-1 为 $APGM_x$-1；S-2 为 $APGM_x$-2；S-3 为 $APGM_x$-3；S-4 为 $APGM_x$-4；S-5 为 $APGM_x$-5。表中数据单位为μg/g，即百万分之一。

由表 2-5 可看出，不同的金属氧化物的脱硫效果不同，其中加入钴的金属氧化物样品（即 $APGM_x$-1）的脱硫效果较好，且一氧化碳对氧化吸附脱硫的影响并不很明显；其次混合气中二氧化碳的含量随着反应的进行，出现先增加后不断减少的趋势，氧气却随着反应的进行先减少后逐渐增加。随着反应的进行，金属氧化物逐渐形成金属硫酸盐，金属氧化物的量减少，二氧化碳的生成量减少，氧气的含量不断增加。

2.4　镁锰型硫转移剂的组成与性能的关系

随着世界工业技术的高速发展和绿色化学发展理念的不断深入，环保问题开始成为世界化学工业发展的共同关注点。硫转移剂技术经过多位学者不懈的研究和完善，已经步入成熟阶段，但是仍存在氧化还原促进成分成本高、再生性能不佳等问题，这些不足之处影响着经济效益、转化效率及产品分布等[22]。如何打破现有硫转移剂的组成限制，在确保其功能特性满足催化裂化使用要求的情况下，进一步降低成本、提高脱硫率，对于研究人员而言仍是个挑战。目前，可以查到很多关于经济的过渡金属作为氧化还原促进成分引入硫转移剂中的研究报道。其中，采用锰的金属氧化物是一种有效的氧化促进剂[90-92]。Blanton 等[55]研究锰镁铝金属氧化物的硫转移性能，认为氧化锰在 700℃会氧化成三氧化二锰，并提出了三氧化二锰氧化脱硫的机理。进一步研究发现，根据还原后产物硫化锰可以间接推断，在氧化脱硫阶段的三氧化二锰表现出一定的 SO_x 吸附能力，参与氧化还原反应后可形成硫酸锰，然而在脱硫后样品中并没有检测出硫酸锰相。因此，在镁和锰的氧化物共存的环境下，锰的氧化物参与形成硫酸盐具体以何种形式存在还很模糊。此外，锰可以形成多种价态的氧化物，在高温含氧环境下二氧化锰同样具有良好的稳定性。

考虑经济问题及在保证性能满足催化裂化使用要求的情况下，设计合成了不同价态的镁锰金属氧化物，并利用实验室自组装的模拟催化裂化再生器小型固定床反应器来评价 $MgMn_2O_4$ 和 Mg_2MnO_4 样品的氧化脱硫性能。利用 XRD 和 XPS 等分析技术对样品的相态结构做出分析。考察不同镁锰金属氧化物的脱硫性能及脱硫前后锰的价态变化，从元素状态变化的角度深入分析各成分的作用机理，可全面把握硫转移剂的性能和特点。

2.4.1 镁锰尖晶石的制备

称取乙酸镁和乙酸锰放入 200mL 烧杯中，加入去离子水搅拌，至混合固体完全溶解后，在 100℃下干燥 10h，然后经过 700℃焙烧 2h，进行研磨，研磨后将颗粒筛分至 80 目，制得一系列硫转移剂备用。按照原料中乙酸镁和乙酸锰的摩尔比为 1∶0.5、1∶1、1∶1.5 和 1∶2，将这 4 种样品依次命名为 $Mg_1Mn_{0.5}$、Mg_1Mn_1、$Mg_1Mn_{1.5}$ 和 Mg_1Mn_2。

2.4.2 镁锰型硫转移剂的 XRD 分析

图 2-22 所示为经过 700℃焙烧后的 4 种样品的 XRD 谱图。从图 2-22 中可以看出，当原料中乙酸镁和乙酸锰的摩尔比为 2 时，样品 $Mg_1Mn_{0.5}$ 的谱图中只有 Mg_2MnO_4 尖晶石的特征衍射峰，随着原料中锰含量的增加，其他 3 种样品出现 $MgMn_2O_4$ 尖晶石衍射峰，并且随着锰含量的增加，$MgMn_2O_4$ 尖晶石的特征峰强度也逐渐增强，而 Mg_2MnO_4 尖晶石的特征峰强度逐渐减弱。这说明镁、锰摩尔比为 2 时，原料中的二价锰离子转变为四价锰离子可形成 $MgMn_2O_4$ 尖晶石，但是随着镁、锰比的减小，二价锰离子逐渐转变为三价锰离子形成 $MgMn_2O_4$ 尖晶石。这表明，该方法可以合成镁锰尖晶石，并且原料中镁、锰比直接影响到合成尖晶石的物相结构。

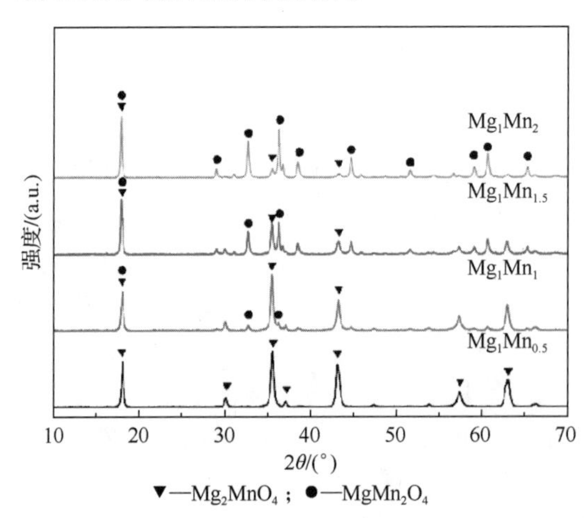

图 2-22 不同摩尔比制备的 4 种样品的 XRD 谱图

图 2-23 所示为样品 Mg_1Mn_2 尖晶石脱硫前后的 XRD 谱图。从图 2-23 中可以看出：样品在脱硫后原本的 $MgMn_2O_4$ 尖晶石结构消失，出现硫酸镁相及三氧化二锰相，但是并没有检测到硫酸锰的存在，说明氧化镁是主要吸附活性位，与 Blanton 等[55]的研究结果相一致。

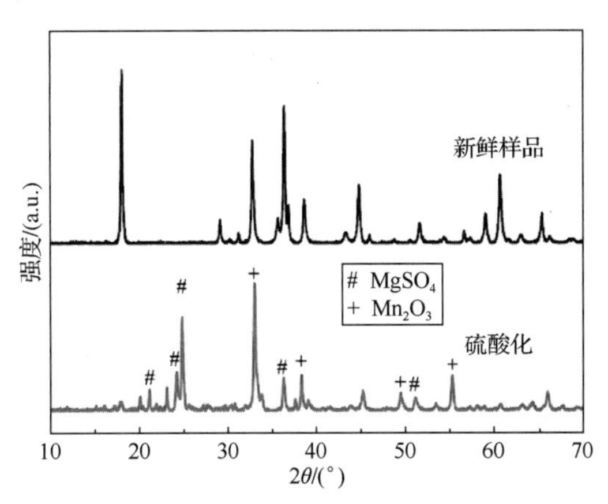

图 2-23　样品 Mg_1Mn_2 尖晶石脱硫前后的 XRD 谱图

图 2-24 所示为 4 种镁锰尖晶石脱硫后的 XRD 谱图，仔细比较 2θ 在 24.7°～25.5° 处的硫酸镁特征峰发现，样品 Mg_1Mn_1 尖晶石、$Mg_1Mn_{1.5}$ 尖晶石和 Mg_1Mn_2 尖晶石的 $MgSO_4$ (111)尖晶石晶面衍射峰向小角度偏移，而且样品中 $MgMn_2O_4$ 尖晶石含量越高，偏移角度越大，这种现象也出现在硫酸镁其他衍射峰上。根据布拉格规律[93]，可以用公式 $d\,(h\,k\,l) = \lambda/\,(2\sin\theta)$进行分析，$d\,(h\,k\,l)$代表晶面之间的距离，$\lambda$ 表示 X 射线波长，θ 表示晶面的衍射角度[16]。因为二价锰离子的离子半径大于镁离子[94]，当二价锰离子掺杂到硫酸镁晶格中时，会引起晶格参数变大，从而导致了硫酸镁的特征峰向小角度偏移，并且在锰离子的多种价态中（+2、+3、+4、+7）只有二价锰离子的离子半径大于镁离子的离子半径[95]，符合向小角度偏移的现象。

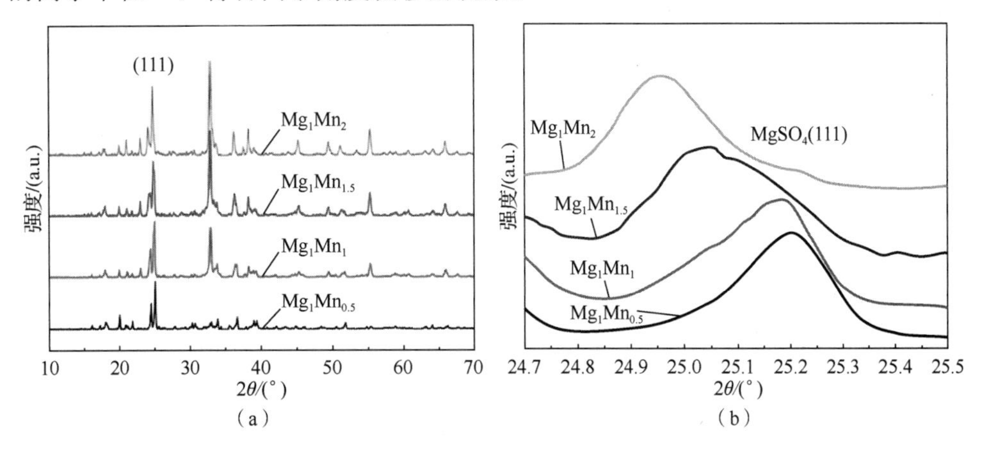

图 2-24　4 种镁锰尖晶石脱硫后的 XRD 谱图

2.4.3　镁锰型硫转移剂的活性评价

脱硫条件：称取 7 种样品各 0.2g，控制反应器温度保持在 700℃，通入 1 400μg/g SO_2 模拟烟气，烟气的流量为 200mL/min，氧化脱硫反应时间为 90min。

利用实验室模拟催化裂化小型固定床反应器，对上述 4 种镁锰尖晶石进行了脱硫性能测试。从图 2-25 中可以看出，氧化脱硫反应时间在 70min 之前，4 种样品的脱硫率随着 $MgMn_2O_4$ 含量的增加而提高，样品 Mg_1Mn_2 尖晶石在反应前 70min 具有最高的脱硫率，在反应的初始 20min 内，脱硫率维持在 90%以上。随着反应进行，硫转移剂逐渐失活，样品中吸附活性位的减少而导致脱硫率降低。在此期间内，样品 $Mg_1Mn_{0.5}$ 尖晶石的脱硫率最低，在前 20min 脱硫率维持为 50%～70%。这说明 $MgMn_2O_4$ 尖晶石中三价锰离子对 SO_2 气体就具有良好的催化氧化作用，这也是样品 Mg_1Mn_2 尖晶石脱硫率最佳的重要原因，而 Mg_2MnO_4 尖晶石中四价锰离子对 SO_2 没有明显的促进氧化作用。

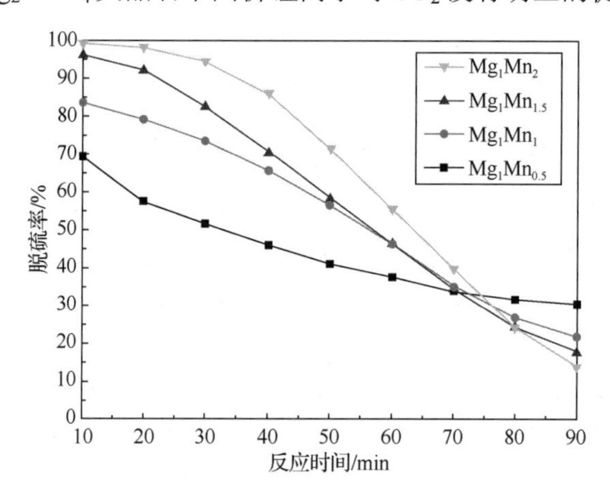

图 2-25　4 种镁锰尖晶石样品的脱硫活性对比

表 2-6 所示为 4 种样品理论饱和硫容量与实际饱和硫容量对比。理论饱和硫容量是假定氧化镁作为唯一的吸附活性位，能吸附 SO_x 形成硫酸盐的最大的吸附量。4 种样品实际饱和硫容量随着原料中镁含量的增加而增加，这是因为氧化镁具有优良的吸附性能[96]，样品中氧化镁的含量直接影响到最大吸附量。样品 $Mg_1Mn_{0.5}$ 尖晶石的实际值小于理论值，原因可能是样品在吸硫后会导致颗粒体积膨胀，内部的吸附活性位并不能接触到 SO_x，导致实际饱和硫容量偏低，而其他 3 种样品的实际值高于理论值，证明这 3 种样品中除了氧化镁之外还存在其他的吸附活性位。有相关文献[55]表明，含有三价锰离子的硫转移剂脱硫产物存在硫酸锰，但是不能通过 XRD 直接检测出来，通过将失活样品还原再生，形成的硫化锰可以间接证明硫酸锰的存在。可以推断出，三价锰离子不仅具有催化氧化的作用，本身可以被还原并吸附 SO_3 形成硫酸锰。

表 2-6　4 种样品的饱和硫容量对比

SO_2 吸附能力（最大）	各样品的值			
	$Mg_1Mn_{0.5}$	Mg_1Mn_1	$Mg_1Mn_{1.5}$	Mg_1Mn_2
理论值/（g/g）	0.97	0.66	0.50	0.40
实际值/（g/g）	0.78	0.73	0.70	0.65

2.4.4　镁锰型硫转移剂的 SEM 分析

图 2-26 所示为样品 Mg_1Mn_2 脱硫前后的 SEM 图，图 2-26（a）和（b）所示分别为新鲜样品在不同倍数下拍摄的 SEM 图片，可以看出该方法制备的样品具有类球状的颗粒结构，颗粒尺寸在 100～200nm，颗粒间存在明显的孔道。有相关文献表明[97]，孔径为 10nm 以上的孔道有利于内部催化剂对 SO_2 进行氧化吸附，可以大大提高硫转移剂的整体利用率。图 2-26（c）所示为脱硫 1h 后的 SEM 图，从图中可以看出，原本的类球状颗粒结构经过脱硫反应后逐渐消失，原本颗粒结构崩塌形成更小的颗粒。图 2-26（d）所示为脱硫 4h 后的 SEM 图，可以看出随着反应趋于饱和，类球状颗粒结构基本消失，存在明显的四方锥型颗粒结构和其他菱角状颗粒结构，并且原本的孔道结构也消失，颗粒之间变得更加致密，原因是镁锰尖晶石吸附 SO_2 后形成硫酸盐导致颗粒体积膨胀变大，堵塞原本存在的孔道结构变得致密，部分颗粒因为空间堵塞导致晶体无法正常生长。

图 2-26　样品 Mg_1Mn_2 脱硫前后的 SEM 图

2.4.5　镁锰型硫转移剂的 XPS 分析

图 2-27 所示为样品在氧化脱硫反应时间为 0h、1h 和 4h，这 3 个阶段的 Mn 2p XPS 谱图。新鲜样品 Mg_1Mn_2 的 Mn 2p 3/2 可以拟合成两个峰，这两个峰分别对应三价锰离子和四价锰离子，三价锰离子的结合能为 641.4eV，四价锰离子的结合能为 643.4eV。经过氧化脱硫反应后，样品结合能在 642.8eV 和 646.9eV 处拟合出二价锰离子分峰[98-100]。

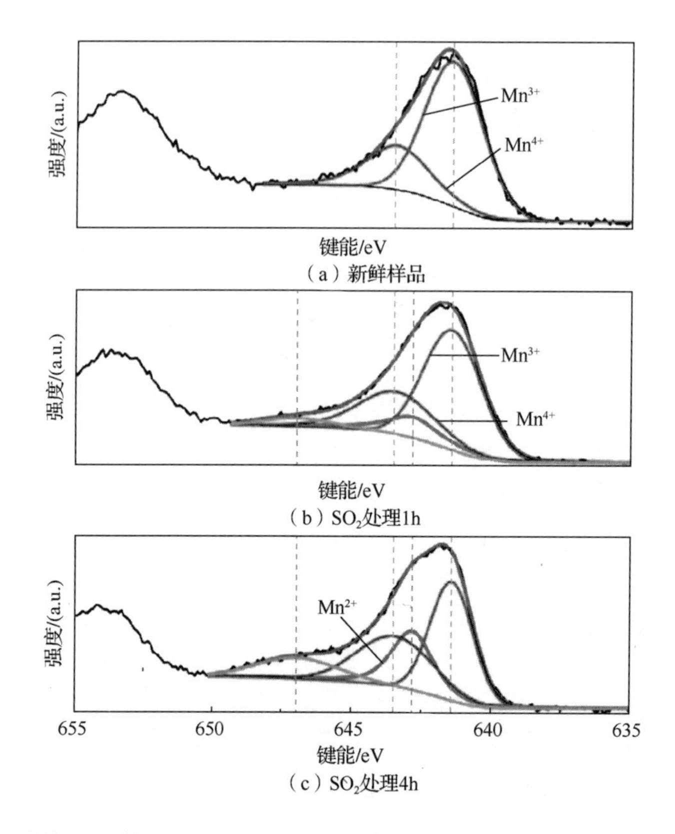

图 2-27　样品 Mg_1Mn_2 尖晶石在不同脱硫时间的 Mn 2p XPS 图

结合表 2-7 中 3 种价态锰离子的峰面积数据来看，随着脱硫反应达到 4h 时，三价锰离子的峰面积由 71.86%减少到 37.42%，并且二价锰离子的峰面积逐渐增加到 34.45%，而四价锰离子的峰面积维持在 28.13%左右基本保持不变。这说明，在反应过程中减少的三价锰离子发生了还原反应，被还原成了等量的二价锰离子。

表 2-7　拟合出 3 种价态锰离子的峰面积占比　　（单位：%）

样品状态	各价态峰面积占比		
	Mn^{3+}	Mn^{4+}	Mn^{2+}
新鲜样品	71.86	28.14	0
SO_2 处理 1h	54.34	28.08	17.58
SO_2 处理 4h	37.42	28.13	34.45

结合表 2-6 中样品 Mg_1Mn_2 尖晶石的饱和硫容量数据发现，这部分二价锰离子充当了 SO_x 吸附活性位并以硫酸锰的形式存在，结合图 2-24 可以发现，硫酸锰并没有以独立的形式存在，而是掺杂到硫酸镁的晶格中。基于上述研究，$MgMn_2O_4$ 尖晶石在氧化脱硫反应中的作用机理总结如下。

图 2-28 所示为 $MgMn_2O_4$ 尖晶石在氧化脱硫过程中的作用机理示意图。氧化镁作为最主要的吸附活性位，吸附 SO_3 形成硫酸镁。三氧化二锰主要有两个方面的作用：第一个作用是作为氧化促进成分，三价锰离子对 SO_2 具有良好的催化氧化作用，在此过程中

三氧化二锰只是作为氧化催化剂，将 SO_2 氧化成 SO_3，同时三价锰离子被还原成二价锰离子，二价锰离子又被氧气氧化成三价锰离子形成三氧化二锰，在此期间锰离子的价态最终并没有发生改变；第二个作用是作为吸附活性位，三氧化二锰将 SO_2 氧化成 SO_3 的同时，三价锰离子被还原成二价锰离子并结合 SO_3 形成硫酸锰，而硫酸锰掺杂到硫酸镁的晶格中形成 $Mg_xMn_{1-x}SO_4$。

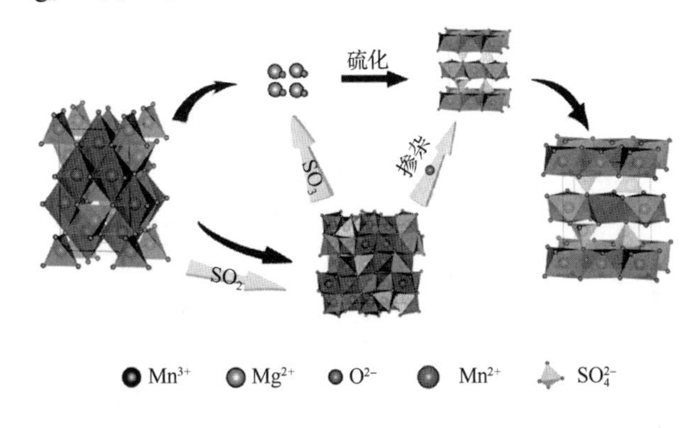

图 2-28　$MgMn_2O_4$ 尖晶石在氧化脱硫过程中的作用机理示意图

针对尖晶石型硫转移剂，目前主要向其中引入钒、铈氧化物，而这些氧化物的引入不仅增加了制备过程对人体的毒害、环境污染及活性成分的成本，在催化裂化装置使用时，还对主催化剂有不同程度的破坏。为解决氧化活性成分价格昂贵、对主催化剂有破坏等问题，通过研究酸胶溶法制备的不同氧化活性成分的硫转移剂，探索锰在不同尖晶石型硫转移剂中的作用，研究酸胶溶法制备的锰铝金属氧化物型硫转移剂，表征其组成与性能的关系，探索在一氧化碳作用下对 SO_x 的影响，并结合样品的饱和吸附量深入探究氧化脱硫机理，可得到如下结论。

1）对比研究不同金属氧化活性成分的硫转移性能，表明该系列硫转移剂均具有不同程度的氧化脱硫性能，SO_2 的氧化脱除能力为 APG-1>APG-8>APG-7> APG-2>APG-3> APG-5>APG-4≈APG-6；不同金属氧化活性成分的硫转移剂失活后可被还原，但达到最大还原速率的还原温度不同。在 400～630℃，还原难易程度为 APG-1> APG-2>APG-3≈ APG-4>APG-8>APG-5≈APG-6>APG-7。锰含量对镁铝铁体系硫转移性能的影响比较明显，随着锰含量的增加，脱硫效果也增加，当锰含量达到 5.0%时，SO_2 脱除率最高。

2）以拟薄水铝石为铝源，制得新型锰铝类硫转移剂，吸附能力为 $APGM_x$-1> $APGM_x$-2>$APGM_x$-3>$APGM_x$-4>$APGM_x$-5；且当 $Al/(Al+Mn+M^{2+})=0.25$，Co/Mn=0.3 时，氧化脱硫效果较好。在进行抗干扰性能研究时，一氧化碳存在的条件下，硫转移剂吸附 SO_2 的活性也没有明显降低，其还原性能不明显。

3）通过改变原料的配比可以得到两种价态的镁锰金属氧化物。$MgMn_2O_4$ 的饱和硫容量相对低而脱硫速率较高，而 Mg_2MnO_4 尖晶石的饱和硫容量高而脱硫速率低，四价锰离子对 SO_2 没有明显的催化氧化作用。

4）镁锰尖晶石脱硫后形成的硫酸盐会导致颗粒体积膨胀，堵塞原本存在的孔道结构变得致密；三氧化二锰是一种良好的促进氧化成分，在氧化脱硫反应中部分三氧化二锰会发生氧化还原反应，吸附 SO_x 形成硫酸锰并掺杂到硫酸镁晶格中。

第 3 章　类水滑石型硫转移剂的制备及其硫转移性能

随着硫转移技术的不断完善，越来越多的学者或企业研发出过渡或稀土金属氧化物用于提升硫转移剂的物化性能，丰富了氧化还原活性的成分，硫转移剂的研究趋于多元化发展方向。以类水滑石焙烧后的衍生物作为催化裂化再生烟气硫转移助剂的研究已步入相对成熟的阶段，实际的工业应用效果也受到普遍的认可。相对于尖晶石体系，类水滑石所制备的硫转移剂具有镁含量高、粒子小和体相均一等优点，表现出良好的硫转移性能[61-64]。以传统铈、钒为主的硫转移剂备受研究者的青睐，铈和钒的氧化物分别表现出极佳的氧化和还原促进能力，但依旧存在成本高、毒性大等问题[65-67]。因此使用过渡金属替代昂贵的稀土金属作为氧化还原促进剂成为现阶段研究的热点。目前，已有很多文献表明[68]锰的氧化物作为一种经济的活性成分能够有效促进 SO_x 吸附。Blanton 等[55]对锰镁铝类水滑石的衍生物进行了硫转移性能的测试，根据还原后的产物硫化锰，间接推断出锰的氧化物所起到的两种作用，即氧化促进和吸附，但是含锰的硫转移剂的还原再生温度要高于实际提升管反应器温度。有学者尝试引入铁来促进锰镁铝金属氧化物的还原再生能力，取得了良好的效果[69]，然而铁能加速焦炭的生成，对催化裂化产品分布造成负面影响。Pratt 等[70]研究发现，硫转移剂的铁含量会增加再生器中二氧化硫含量。关于该类在锰镁铝体系上添加还原活性成分的研究报道相对较少，即依旧缺乏系统性的研究。Polato 等[64]对锰铝金属氧化物进行脱硫评价后，发现锰的氧化物具有良好的氧化吸硫性能，可吸附 SO_x 形成硫酸锰。目前，制备含锰类水滑石型硫转移剂时，学者都使用碳酸根离子作为层间阴离子，然而含锰量偏高会产生碳酸锰的沉淀，限制了对类水滑石中锰含量的研究。

从提升硫转移剂的性能和降低生产成本的角度出发，本章使用共沉淀法制备了一系列锰镁铝氯三元类水滑石前驱体，研究锰含量对硫转移剂的氧化脱硫性能的影响。在锰镁铝硫转移剂体系基础上引入第四元附加剂，如锌、铜、铁、镍、钴、铬金属氧化物，对比这 6 种金属氧化物对硫转移剂氧化脱硫和还原再生性能的影响，分别使用 4 种无机阴离子（碳酸根离子、硫酸根离子、硝酸根离子和氯离子）插层到钴锰镁铝四元类水滑石结构中，考察类水滑石层间阴离子对焙烧后复合氧化物的物相、结构及硫转移性能的影响。

3.1　不同锰含量对硫转移剂性能的影响

3.1.1　硫转移剂的 XRD 分析

图 3-1 所示为不同锰含量类水滑石前驱体的 XRD 谱图。所有样品是按照一定摩尔

比（Mn∶Mg∶Al=0∶3∶1、0.5∶2.5∶1、1∶2∶1、1.5∶1.5∶1、2∶1∶1、2.5∶0.5∶1、3∶0∶1）构成的二元或三元类水滑石。如图 3-1 所示，所有样品在 2θ 位于 11°、22.6°、34.7° 和 60° 左右处均出现类水滑石结构的特征衍射峰，分别对应类水滑石相的（003）、（006）、（009）和（110）晶面[72,73]。所有晶面的衍射峰峰形完整，说明由氯离子构成的类水滑石结晶性和规整度良好。随着锰含量的增加和镁含量的减少，类水滑石（110）晶面向小角度偏移，这是因为二价锰离子的离子半径大于镁离子的离子半径而引起类水滑石晶胞参数 a 值变大。样品 $Mn_{0.5}$-LDHs～Mn_2-LDHs 均没有出现关于锰的特殊衍射峰，这说明锰在类水滑石的结构中分散均匀，形成了稳定的锰镁铝三元类水滑石化合物，样品 $Mn_{2.5}$-LDHs 和 Mn_3-LDHs 均出现了具有黑锰矿结构的四氧化三锰相，游离于类水滑石主相之外。Vierheilig[74]研究发现，在合成锰镁铝类水滑石过程中，部分二价锰离子可能转变为三价锰离子。在氮气环境下制备的样品依旧出现四氧化三锰相，与 Vierheilig 观点相一致。四氧化三锰作为一个独立的氧化物，即使不在类水滑石层状结构中，也同样具有一定的催化氧化能力。

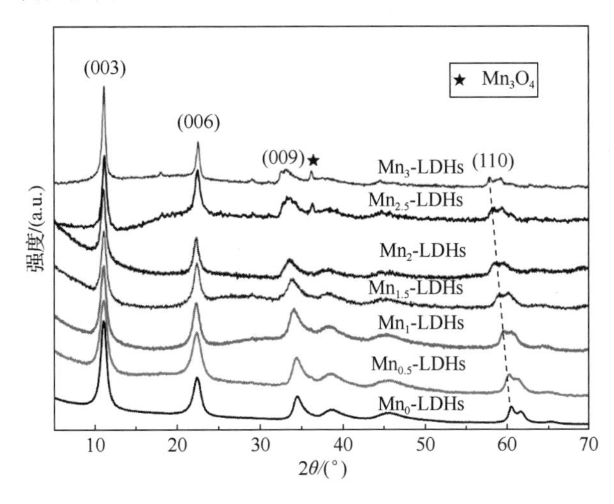

图 3-1　不同锰含量类水滑石前驱体的 XRD 谱图

图 3-2 所示为类水滑石前驱体 Mn_0-LDHs～Mn_3-LDHs 经过 800℃焙烧后所得不同锰含量金属氧化物的 XRD 谱图。由图 3-2 可以看出，所有前驱体样品经过有氧焙烧后，原有的类水滑石结构被破坏，并形成复合氧化物或尖晶石相。经过物相对比分析，样品 Mn_0-LDO 位于 43° 和 63° 处的特征衍射峰应归属于 Mg(Al)O 方镁石相[75]；样品 $Mn_{0.5}$-LDO、Mn_1-LDO 和 $Mn_{1.5}$-LDO 在 19°、36°、44° 和 64° 处的特征衍射峰应归属于锰尖晶石（$MnAl_2O_4$）相；样品 Mn_2-LDO、$Mn_{2.5}$-LDO 和 Mn_3-LDO 在 18°、33°、36° 和 60° 处的特征衍射峰应归属于四氧化三锰黑锰矿相。其中，Mn_3-LDO 是由锰铝类水滑石焙烧形成的金属氧化物，但其所有的衍射峰均与四氧化三锰黑锰矿相一致，并没有直接分析出铝相关物相，Vierheilig[74]认为四氧化三锰黑锰矿相和锰尖晶石相的标准衍射峰有一定的相似性，可能是两者按照一定比例形成的混合物，试验的结果与 Vierheilig 的研究观点相一致。

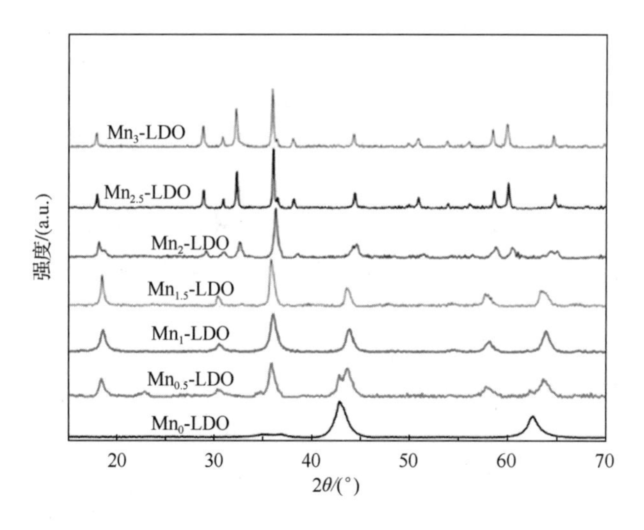

图 3-2　不同锰含量金属氧化物的 XRD 谱图

3.1.2　硫转移剂的 TG-DTA 分析

图 3-3 所示为 Mn_x-LDHs(x=0、1、3)样品的 TG-DTA 曲线，分别对应镁铝、锰镁铝和锰铝类水滑石。从图 3-3 中可以看出，镁铝类水滑石在 121℃和 398℃处有两个明显的失重峰，第一个峰值对应于样品脱去结合水和层间水分子，但并不改变样品的类水滑石层状结构；第二个峰值对应于样品脱去层板中的羟基和层间氯离子，此时原有的结构塌陷，向复合氧化物或尖晶石相发生转变[76-79]。样品 MnMgAl-LDHs 在 109℃、244℃和 323℃处出现三个主要的失重峰，而样品 MnAl-LDHs 在 85℃和 200℃处出现两个主要的失重峰。对比第一阶段失重不难发现，随着类水滑石中锰含量的升高，去除结合水和层间水的温度逐渐降低，这可能是二价锰离子干扰了层间水的有序排列，并降低了水分子与主层板之间的结合力，弱化了水分子的热稳定性；对比第二失重阶段发现，MgAl-LDHs 的失重峰（398℃）高于 MnAl-LDHs 的失重峰（200℃），说明 Mg—OH

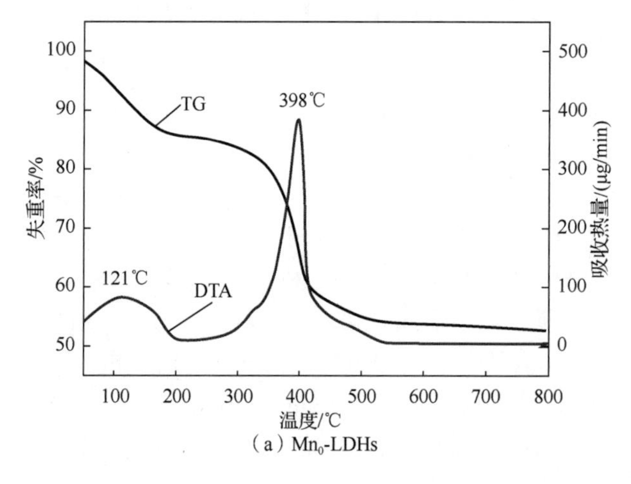

（a）Mn_0-LDHs

图 3-3　不同锰含量类水滑石前驱体的 TG-DTA 曲线

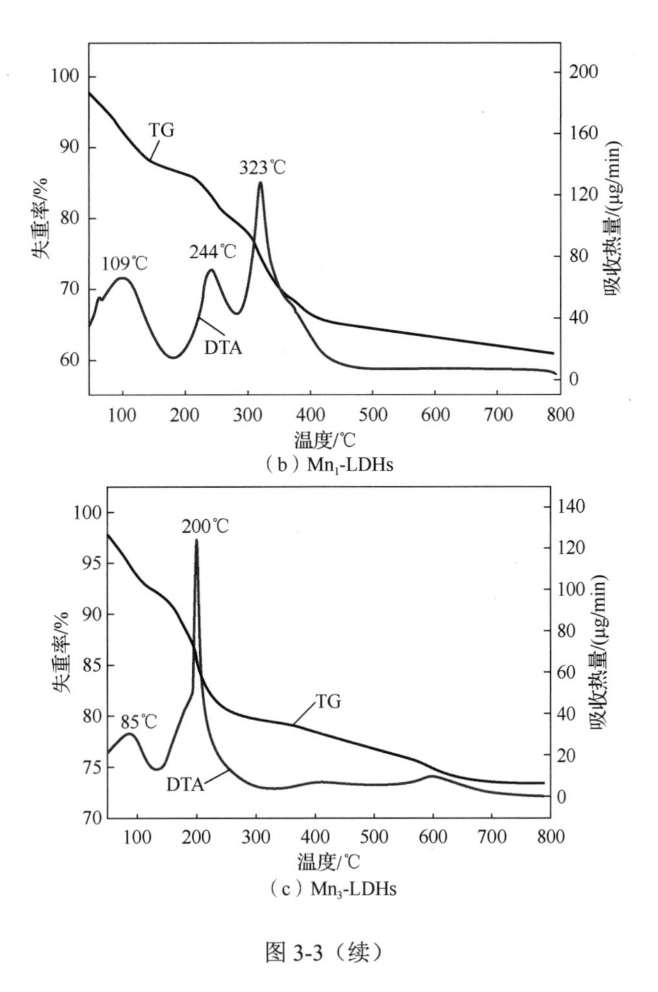

(b) Mn_1-LDHs

(c) Mn_3-LDHs

图 3-3（续）

所形成的主层板骨架热稳定性要高于 Mn—OH 键。样品 MnMgAl-LDHs 在第二阶段主要失重峰值为 323℃，介于 MgAl-LDHs 和 MnAl-LDHs 之间，这可能是因为 Mn—OH—Mg 主层板中羟基的热稳定性介于 Mn—OH 和 Mg—OH 之间；在 244℃出现一个小的失重峰，说明层板中存在两种处于不同化学环境的羟基[80]。

3.1.3　硫转移剂的活性评价

脱硫条件：分别称取 7 种样品各 0.2g，控制反应器温度保持在 700℃，通入 1 600μg/g SO_2 模拟烟气，混合气流量为 200mL/min，氧化脱硫时间为 120min。

图 3-4 所示为不同锰含量金属氧化物样品在 120min 内的脱硫率的变化曲线。可以看出，所有的样品随着测试时间的增加，脱硫率逐渐降低。因为硫转移剂在实际工艺中氧化脱硫时间为 5～15min，所以脱硫率是评价硫转移剂的重要标准。对比图 3-4 中样品的脱硫曲线不难发现，样品在有效时间内的氧化脱硫率由高到低顺序为 $Mn_{2.5}$-LDO>Mn_3-LDO>Mn_2-LDO>$Mn_{1.5}$-LDO>Mn_1-LDO>$Mn_{0.5}$-LDO>Mn_0-LDO。样品 Mn_0-LDO 是二元 Mg(Al)O 氧化物，作为一种吸附活性中心，其有利于吸收三氧化硫形成硫酸盐，但

是 Mg(Al)O 对 SO_2 的氧化促进能力较差，所以氧化脱硫率持续在 30%以下；随着氧化促进剂 MnO_x 的引入，样品的脱硫率随着锰含量升高呈现出先增后减的趋势，当锰、镁、铝的摩尔比为 2.5∶0.5∶1 时，样品在 10min 内的脱硫率最佳，并维持在 94.6%以上；结合图 3-2 可以发现，样品 Mn_3-LDO 只有四氧化三锰和锰尖晶石相，在不含三氧化二锰的情况下表现出较好的脱硫性能，说明 MnO_x 自身也参与了吸附 SO_x。在锰镁铝体系中，氧化镁作为主要的吸附活性中心，吸收三氧化硫形成硫酸镁；而 MnO_x 主要起到促进氧化 SO_2 成 SO_3 的作用，自身也参与吸附过程形成硫酸锰。氧化脱硫过程需要氧化促进活性位与吸附活性位之间的协同作用，随着 MnO_x 含量的增加，意味着氧化促进活性位也逐渐增多，而吸附活性位减少。当锰、镁、铝摩尔比为 2.5∶0.5∶1 时，两者达到最佳平衡阶段，表现出良好的氧化脱硫性能。

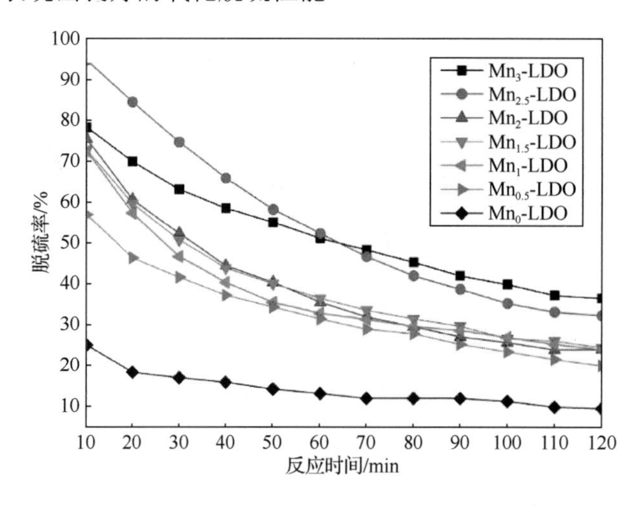

图 3-4　不同锰含量金属氧化物样品在 120min 内的脱硫率变化曲线

在实际的工业应用中，硫转移剂的投料量一般不超过主裂化剂的 5%[81]。MnO_x 作为一种过渡金属氧化物，分子量约为氧化镁的 2 倍，这意味着复合金属氧化物中锰含量过高时，以氧化镁为主的吸附活性位会加倍减少，导致饱和硫容量降低。由于后续试验中第四元附加剂和结构优化会提高硫转移剂的氧化脱硫率，综合考虑到氧化脱硫率和饱和硫容量两大要素，在后续的研究中，可选取样品 Mn_1-LDO 作为基底进行后续的研究。

3.2　不同第四元附加剂对硫转移剂性能的影响

3.2.1　硫转移剂的 XRD 分析

图 3-5 所示为在制备锰镁铝类水滑石材料基础上，引入 10%第四元附加剂 Y（Y 为铁、铜、镍、钴、铬或锌）的四元类水滑石的 XRD 谱图。从图 3-5 中可以看出，所有样品在 2θ 位于 11°、22.6° 和 34.7° 左右处均出现类水滑石结构的特征衍射峰，分别对

应类水滑石相的（003）、（006）和（009）晶面。6 种样品均没有出现第四元附加剂 Y 的化合物特征衍射峰，且这些二价或三价金属 Y 的离子半径均与镁离子和铝离子的离子半径差距很小，说明 M 离子可以取代镁离子或铝离子均匀分散到类水滑石层状结构中，形成稳定的四元 Y-锰镁铝类水滑石。

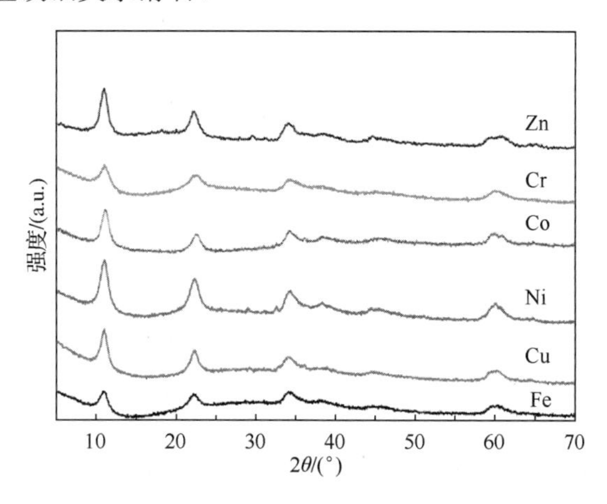

图 3-5　不同四元类水滑石（LDHs）的 XRD 谱图

图 3-6 所示为四元 Y-锰镁铝类水滑石（Y 为铁、铜、镍、钴、铬或锌）经过 800℃ 有氧焙烧 2h 后所制样品的 XRD 谱图。如图 3-6 所示，6 组样品在 2θ 位于 18.6°、30.6°、36.2°、58.2° 和 63.8° 处的衍射峰均对应锰镁铝尖晶石相。加入第四元附加剂 Y 后，含铁、铜、钴、铬或锌的样品并没有检测到关于 Y 的氧化物相存在，说明这些金属氧化物高度分散到锰镁铝尖晶石相中，形成 Y-锰镁铝四元复合金属氧化物固溶体；而样品 Ni-LDO 在 2θ 位于 43.2° 和 62.6° 处存在游离于锰镁铝尖晶石主相之外的氧化镍-氧化镁方镁石相。有文献表明[82]，氧化镍与载体之间具有很强的作用力，铝离子会取代氧化镍-氧化镁中的二价金属离子，形成的 Mg(Ni Al)O 晶体含有阳离子空位。

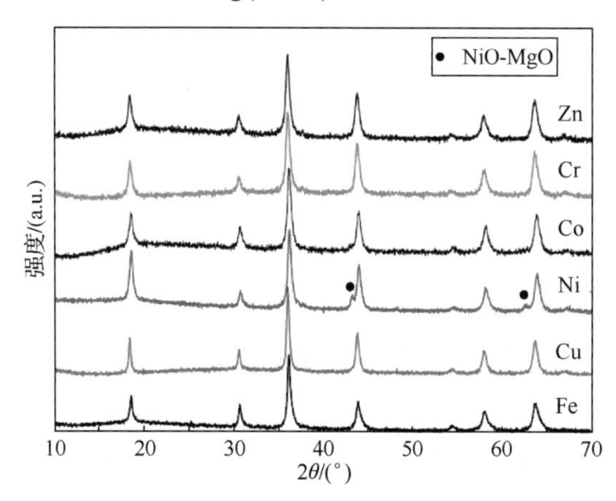

图 3-6　不同四元金属氧化物（LDO）的 XRD 谱图

3.2.2　硫转移剂的 TG-DTA 分析

图 3-7 所示为四元 Y-锰镁铝类水滑石（Y 为铁、铜、镍、钴、铬或锌）样品在相同升温速率下的 TG-DTA 曲线。由图 3-7 可以看出，在类水滑石最主要的两个失重阶段中，6 种样品约在 100℃和 330℃达到最大失重速率。样品铁锰镁铝类水滑石在两个阶段的最大失重速率分别发生于 51℃和 324℃，分别失重 3.9%和 25.2%；样品铜锰镁铝类水滑石发生于 101℃和 322℃，分别失重 7.0%和 23.5%；样品镍锰镁铝类水滑石发生在 111℃和 328℃，分别失重 8.0%和 25.1%；样品钴锰镁铝类水滑石发生于 145℃和 340℃，分别失重 9.7%和 25.1%；样品铬锰镁铝类水滑石发生于 111℃和 330℃，分别失重 8.1%和

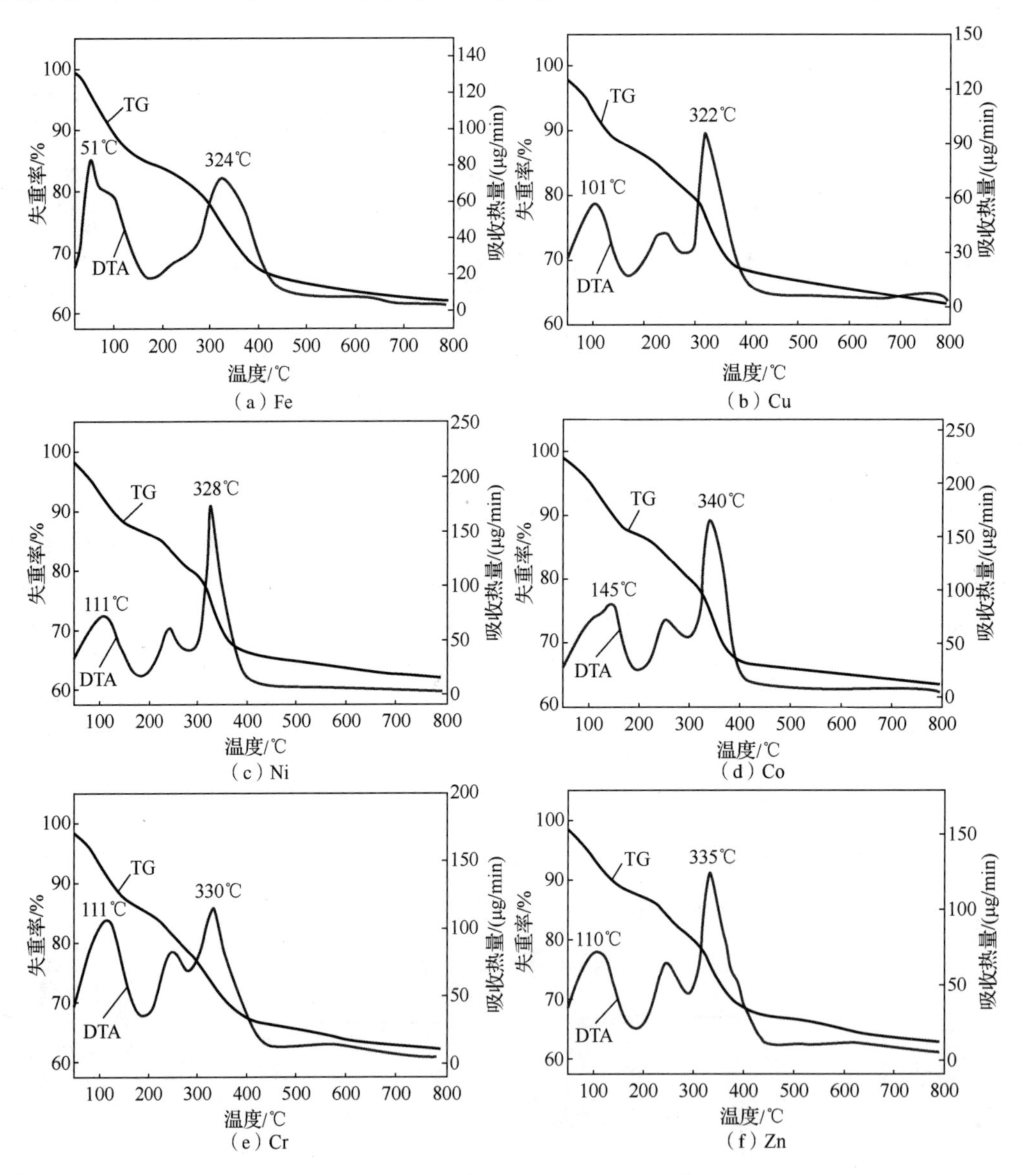

图 3-7　不同四元类水滑石前驱体的 TG-DTA 曲线

26.7%；样品锌锰镁铝发生于 110℃和 335℃，分别失重 7.3%和 24.0%。第一失重阶段对应脱去吸附水和层间水，样品在第一次最大失重速率时，温度差距较大，这是由于第四元附加剂的引入，改变了层板中的电荷密度，从而影响了层间水和吸附水在类水滑石结构中的作用力。对比 6 种样品在第二阶段的最大失重速率发现，失重峰发生轻微变化，说明第四元金属的引入改变了类水滑石层与层之间的作用力，一定程度上影响到阴离子与主层板羟基的热稳定性。

3.2.3　硫转移剂的氮气吸附-脱附分析

焙烧后 6 种四元金属氧化物样品的比表面积、孔体积和平均孔径数据如表 3-1 所示。所有样品表现出较为相似的结构性质，但样品镍锰镁铝类水滑石具有最小的比表面积和最大的平均孔径。结合图 3-6 可以发现，该样品特殊性在于含有游离于主相之外的氧化镍-氧化镁方镁石相，可能这种新相的生成导致其结构出现明显差异。图 3-8 和图 3-9 分别为 6 种四元复合金属氧化物样品的氮气吸附-脱附等温曲线和孔径分布曲线。由图 3-8 还可以看出，所有样品的等温线归属于Ⅳ类，一般对应于介孔材料的吸附，并存在颗粒堆积且孔径高度相似特点的 H1 型滞后回线，所有样品不仅存在介孔，也含有一些大孔。

表 3-1　不同四元复合金属氧化物样品的结构性质

样品	比表面积/（m^2/g）	孔体积/（cm^3/g）	平均孔径/nm
Fe-MnMgAl	37.4	0.245	26.2
Cu-MnMgAl	32.8	0.267	32.5
Ni-MnMgAl	22.6	0.247	43.7
Co-MnMgAl	43.8	0.234	21.4
Cr-MnMgAl	35.7	0.241	27.0
Zn-MnMgAl	35.2	0.253	28.8

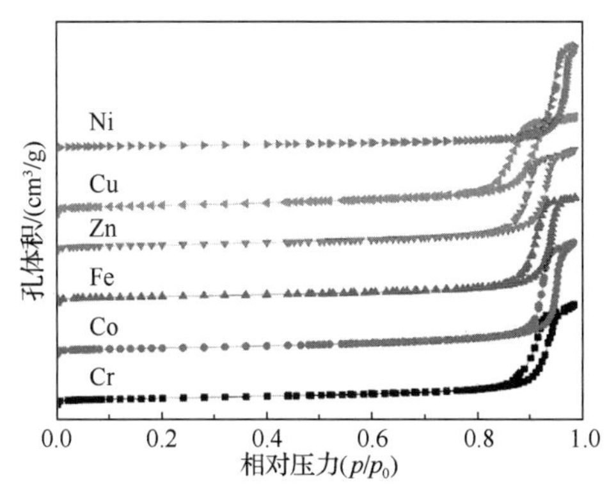

图 3-8　6 种四元复合氧化物样品的氮气吸附-脱附等温曲线

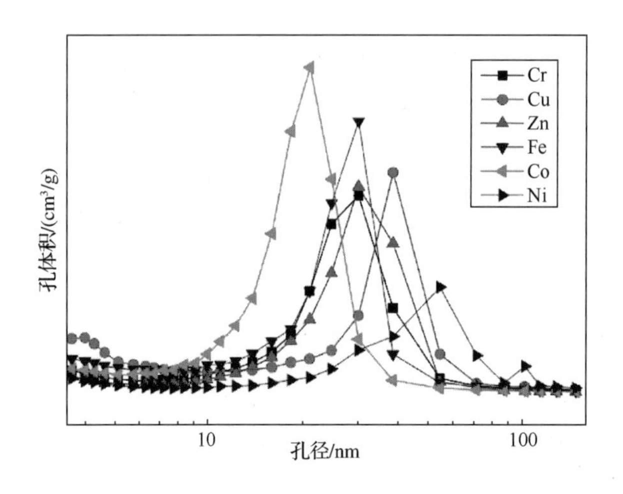

图 3-9　6 种四元复合金属氧化物样品的孔径分布曲线

3.2.4　硫转移剂的活性评价

脱硫条件：分别称取待测 7 种样品各 0.2g，控制反应器温度保持在 700℃，通入 1600μg/g SO_2 模拟烟气，混合气流量为 200mL/min，氧化脱硫时间为 60min。

氢气还原条件：失活样品在 530℃下还原再生，通入 30%氢气的氮氢混合气，流量控制为 100mL/min，还原反应时间为 60min。

不同四元复合金属氧化物样品两次周期的脱硫量数据如表 3-2 所示。对比第一周期的氧化脱硫数据发现，引入铁、铜、镍、钴、铬和锌的氧化物使硫转移剂的氧化吸附量发生不同程度的变化。其中铬、铁和钴的氧化物为正面效果，进一步提高了催化剂对 SO_2 的吸附能力；而铜、镍和锌的金属氧化物为负面效果，减弱了催化剂的氧化脱硫能力。Jung 等[97]研究发现氧化锌在硫转移剂中没有促进氧化还原能力。在样品中加入惰性成分氧化锌，可以在一定程度上稀释有效活性成分的含量，从而降低催化剂的氧化吸附能力。由表 3-2 还可以看出，失活硫转移剂经过还原再生后，所有样品的氧化脱硫能力都有所降低，再生效果顺序为钴>铁>镍>铜>锌>铬，其中钴和铁两次周期差值较小，这说明在锰-镁-铝体系硫转移剂中，引入钴和铁能够大大提高样品的还原再生性能。除了脱硫率和吸附容量两个重要指标外，还原再生能力也是衡量硫转移剂的主要标准。对比所有样品，含钴的样品表现出最佳的还原效率，说明钴成分对硫酸盐具有良好的促进还原能力。

表 3-2　不同四元复合金属氧化物样品两次周期的脱硫量数据

样品	吸附 SO_2 速率/（mg/60min）		再生率（周期Ⅱ/周期Ⅰ）/%
	周期Ⅰ	周期Ⅱ	
Mn-MgAl	46.1	30.4	65.9
Fe-MnMgAl	53.2	45.1	84.8
Cu-MnMgAl	45.2	29.6	65.5
Ni-MnMgAl	45.4	31.3	68.9
Co-MnMgAl	48.8	42.6	87.2
Cr-MnMgAl	62.0	36.8	59.4
Zn-MnMgAl	37.9	23.7	62.5

不同复合氧化物样品的脱硫速率曲线如图 3-10 所示。由图 3-10 可以看出，样品在初始阶段都表现出高效的脱硫率，随着反应脱硫反应的不断深化，催化剂的氧化脱硫能力逐渐钝化到一个平稳阶段。在反应的前 10min 样品的脱硫率由大到小的顺序为铬>铁>钴>镍>铜>锌。很多学者的研究表明[84]，氧化铜能够有效地促进表层和体相中催化剂对 SO_x 的氧化吸附，但是并不能有效地促进硫酸盐的还原再生。与含铜样品的脱硫性能结果有所不同，样品脱硫率差异的原因，除了与自身的化学性质有关外，可能还与样品的结构特性有关。

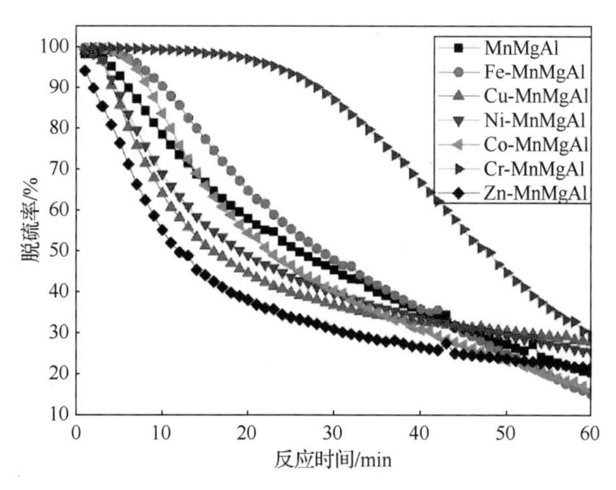

图 3-10　6 种四元金属氧化物样品的脱硫速率曲线

3.3　类水滑石层间阴离子对其复合氧化物脱硫性能的影响

3.3.1　硫转移剂的 XRD 分析

图 3-11 所示为插层不同无机阴离子钴锰镁铝类水滑石的 XRD 分析。4 种样品在 2θ 值约为 11°（003）、22.64°（006）、34.72°（009）和 60.36°（110）处均出现了类水滑石特征衍射峰，分别对应类水滑石相的（003）、（006）、（009）和（110）晶面。其中（003）晶面衍射峰尖锐，表明类水滑石结晶性能较好，层间结构规整[84]。一般而言，LDHs 层间阴离子的离子半径越大，引起层间距越大，且（003）晶面衍射峰向小角度偏移。4 种样品的层间距 d（003）分别为 0.79nm、0.81nm、0.85nm 和 0.77nm，因为 LDHs 层间阴离子的离子半径（硫酸根离子半径>硝酸根离子半径>氯离子半径>碳酸根离子半径）不同，引起层间距发生变化，所以 4 种类水滑石层间距为 SO_4-LDHs>NO_3-LDHs>Cl-LDHs>CO_3-LDHs。

4 种类水滑石有氧焙烧 2h 后，得到复合氧化物，其 XRD 谱图如图 3-12 所示。4 种样品 CO_3-LDO、SO_4-LDO、NO_3-LDO 和 Cl-LDO 具有同样的物相，2θ 值为 18.58°、30.63°、36.16°、58.22°和 63.81°处的衍射峰均对应锰镁铝尖晶石相。类水滑石焙烧后，脱去层间的水和无机阴离子，形成复合金属氧化物。层间阴离子的不同，并不改变焙烧后氧化

物的物相。4 种样品均没有出现钴氧化物的特征峰，说明钴成分高度分散在样品中。

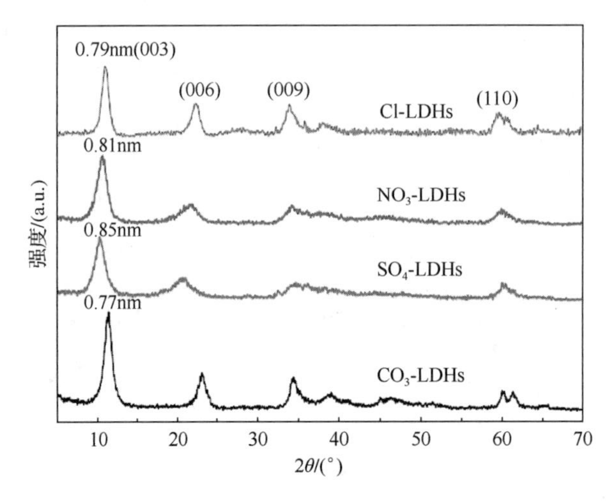

图 3-11　4 种类水滑石的 XRD 谱图

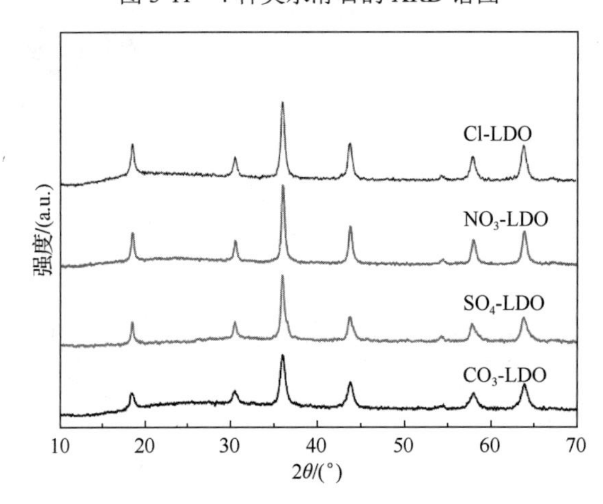

图 3-12　4 种硫转移剂的 XRD 谱图

3.3.2　硫转移剂的 FTIR 分析

图 3-13 所示为插层不同无机阴离子钴锰镁铝类水滑石的 FTIR 图。4 种样品均在 3 450cm^{-1}、1 640cm^{-1} 和 630cm^{-1} 左右处出现水滑石相的特征吸收峰。在 3 450cm^{-1} 处强而宽的吸收峰是由羟基伸缩振动和层间水分子的伸缩振动重叠而形成，在 1 640cm^{-1} 处是层间水的吸收振动峰，在 630cm^{-1} 左右处的吸收峰归属于水滑石板层中 Me—O 键的晶格振动。在 1 370cm^{-1}、1 110cm^{-1} 和 1 380cm^{-1} 处分别对应碳酸根离子、硫酸根离子和硝酸根离子的伸缩振动峰[85-87]。样品 SO_4-LDHs 和 Cl-LDHs 在 1 380cm^{-1} 处同样出现了硝酸根离子微弱的伸缩振动峰，这说明尽管水滑石层间的阴离子交换能力顺序为碳酸根离子>硫酸根离子>氯离子>硝酸根离子，但是在合成过程中，SO_4-LDHs 和 Cl-LDHs 样品层间依旧存在部分硝酸根离子。

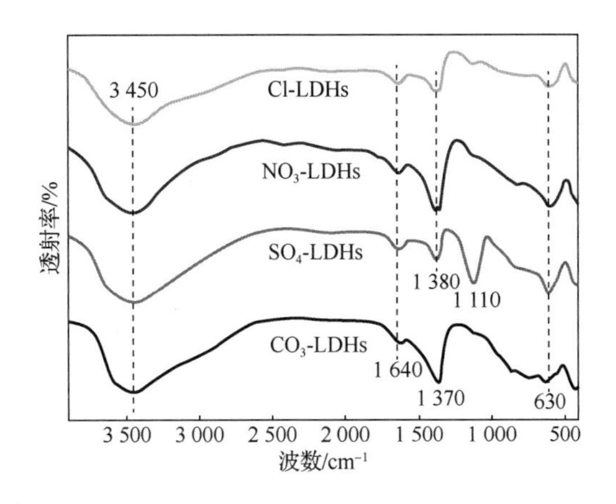

图 3-13　4 种类的 FTIR 谱图

3.3.3　硫转移剂的氮气吸附-脱附分析

4 种焙烧后样品氮气吸附-脱附等温曲线和孔径分布曲线，分别如图 3-14 和图 3-15 所示。根据 IUPAC 分类，焙烧后 4 种样品等温曲线均属于Ⅳ类，具有典型的介孔材料特征[88]。样品 CO_3-LDO 属于 H3 型滞后回线，其特点通常是片状颗粒聚集体形成狭缝孔。样品 SO_4-LDO、NO_3-LDO 和 Cl-LDO 存在颗粒堆积且孔径高度相似特点的 H1 型滞后回线。样品 CO_3-LDO 中主要存在介孔和大孔，孔分布的双峰约位于 40nm 和 100nm 处。样品 SO_4-LDO、NO_3-LDO 和 Cl-LDO 孔径大小比较均一，基本属于介孔范围内，孔径分布分别为 30nm、20nm 和 20nm 左右。结合表 3-3 中的复合金属氧化物结构数据对比发现，类水滑层间阴离子对其焙烧后衍生物的结构造成很大的影响。插层碳酸根类水滑石焙烧后形成的金属氧化物具有最大的比表面积、孔体积和平均孔径。样品 SO_4-LDO 孔体积和比表面积最小，这可能是硫酸根插层的类水滑石热稳定性较高，需要 900℃焙烧才能脱去层间硫酸根离子，导致复合金属氧化物烧结，由此可知硫酸根插层的类水滑石不适合用于制备硫转移剂。

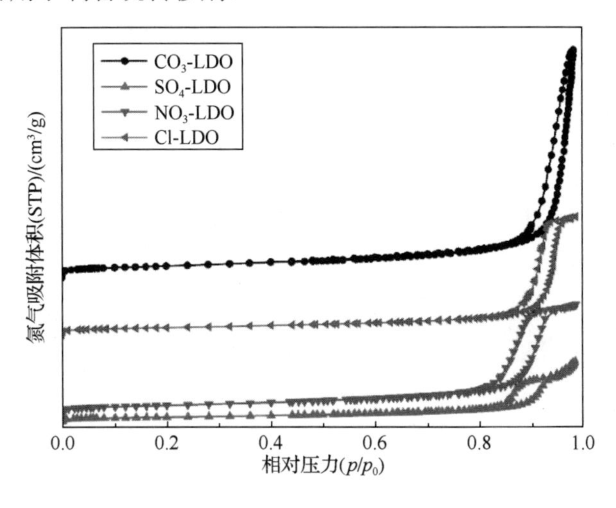

图 3-14　4 种金属氧化物的氮气吸附-脱附等温曲线

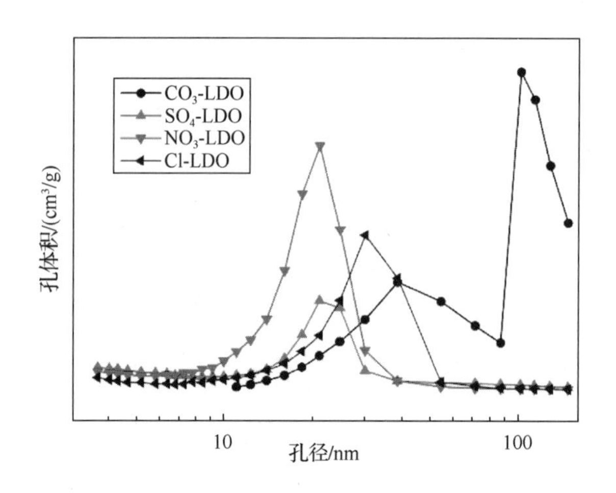

图 3-15　4 种复合金属氧化物的孔径分布曲线

表 3-3　4 种硫转移剂的结构数据和两次周期的氧化脱硫量数据

样品	比表面积/（m^2/g）	孔体积/（cm^3/g）	吸附 SO_2 速率/（mg/60min）	
			周期I	周期II
CO_3-LDO	57.120	0.6400	52.17	47.86
SO_4-LDO	21.250	0.1249	25.78	24.88
NO_3-LDO	43.836	0.2337	33.19	29.77
Cl-LDO	35.185	0.2526	37.63	33.75

3.3.4　硫转移剂的 SEM 分析

焙烧前后 4 种类水滑石及其复合氧化物的 SEM 图如图 3-16 所示，其中（a）、（c）、（e）、（g）为类水滑石，（b）、（d）、（f）、（h）为复合氧化物。样品 CO_3-LDHs 具有明显片状颗粒堆积的特点，经过高温焙烧后，原本的层状结构倒塌，形成片状颗粒聚集体，符合 H3 型滞后回线的特点。其余 3 种类水滑石的表面形貌并不规整，其中样品 SO_4-LDHs 具有褶皱的片状结构，堆积形成类似纸团形颗粒。高温焙烧后，样品 SO_4-LDO、NO_3-LDO 和 Cl-LDO 表面都形成颗粒堆积的聚集体，符合 H1 滞后回线的特点。

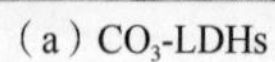

（a）CO_3-LDHs

（b）CO_3-LDO

图 3-16　焙烧前后 4 种类水滑石及其复合金属氧化物的 SEM 图

（c）SO_4-LDHs　（d）SO_4-LDO
（e）NO_3-LDHs　（f）NO_3-LDO
（g）Cl-LDHs　（h）Cl-LDO

图 3-16（续）

3.3.5　硫转移剂的活性评价

脱硫条件：分别称取待测 4 种样品各 0.2g，控制反应器温度保持在 700℃，通入 1 600μg/g SO_2 模拟烟气，混合气流量为 200mL/min，氧化脱硫时间为 30min；氢气还原条件：失活样品在 530℃下还原再生，通入氮氢混合气（30%氢气），流量控制在 100mL/min，还原反应时间为 30min。

4 种金属氧化物样品的初次氧化脱硫性能如图 3-17 所示，CO_3-LDO 样品具有最佳的脱硫率，30min 内脱硫速率基本维持在 90%以上。其余的 3 组金属氧化物样品，初始脱硫率均达到 99%，随着脱硫反应进行 1～5min 后，样品的脱硫率呈明显下降的趋势，30min 后脱硫曲线趋于平缓，说明吸硫量接近饱和。结合表 3-3 中 4 组样品第一周期的氧化脱硫量发现，30min 内金属氧化物样品脱硫量由大到小的顺序为 CO_3-LDO>Cl-LDO>NO_3-LDO>SO_4-LDO，在硫转移剂物相和脱硫条件相同的情况下，造成脱硫性能差异的是材料本身的结构。结合表 3-3 中样品的结构数据可以看出，4 种金属氧化物样品比表面积由大到小的顺序为 CO_3-LDO>NO_3-LDO>Cl-LDO>SO_4-LDO，孔体积由大到小的顺序为 CO_3-LDO>Cl-LDO>NO_3- LDO>SO_4-LDO。一般而言，硫转移剂的比表面积越大，越有利于 SO_x 接触到材料表面的吸附活性位。样品 CO_3-LDO 具有最佳的氧化脱硫能力，这应该归因于材料自身的比表面积和孔道结构。样品 NO_3-LDO 比表面积略大于 Cl-LDO，而前者脱硫性能却低于后者，这说明，在两者的比表面积和孔体积相差不大的情况下，材料的孔径越大，越有利于氧化吸硫。这是因为硫转移剂氧化吸硫的过程中颗粒体积的膨胀，形成的硫酸盐让样品表面变得致密，甚至堵塞原有的孔道结构，严重降低硫转移剂的内部利用率。此外，孔径越小，SO_2 气体穿过孔的扩散阻力越大，导致有效接触到硫转移剂内部活性位的 SO_2 含量降低。有文献表明[89]，在脱硫剂的气固反应中，小孔对脱硫前期的贡献较大，而大孔有利于后期提升脱硫率，这也很好地解释了脱硫反应过程中，样品 CO_3-LDO 脱硫率曲线平稳且保持在 90%以上。

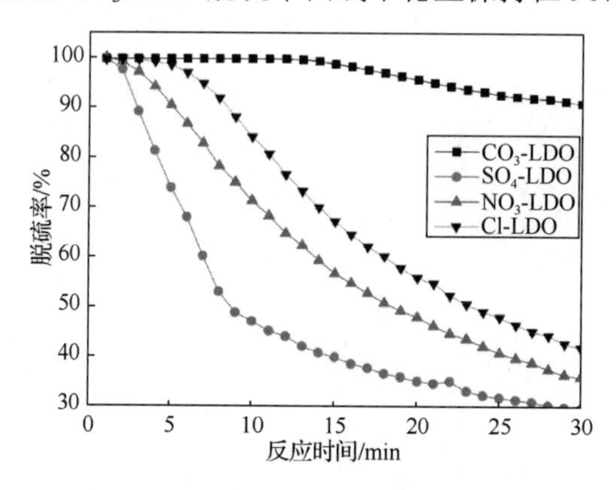

图 3-17　4 种硫转移剂周期 I 的脱硫活性

4 种失活硫转移剂样品经过氢气还原再生后的二次脱硫性能对比如图 3-18 所示，与初次脱硫性能曲线对比，还原后样品脱硫活性变化不大，这说明钴锰镁铝氧化物作为硫转移剂，具有良好的还原再生性能。结合表 3-3 中 4 种样品的两次氧化脱硫量发现，再生后样品脱硫量由大到小的顺序依旧为 CO_3-LDO>Cl-LDO> NO_3-LDO> SO_4-LDO。这说明硫转移剂初始的结构不仅影响初次氧化脱硫能力，也影响到再生后的氧化脱硫能力。综上可以看出，钴锰镁铝氧化物作为硫转移剂，表现出良好的氧化脱硫和还原再生能力，而碳酸根离子插层的类水滑石焙烧后复合金属氧化物具有最大的比表面积、孔体积和平均孔径，大大提高了硫转移的性能。

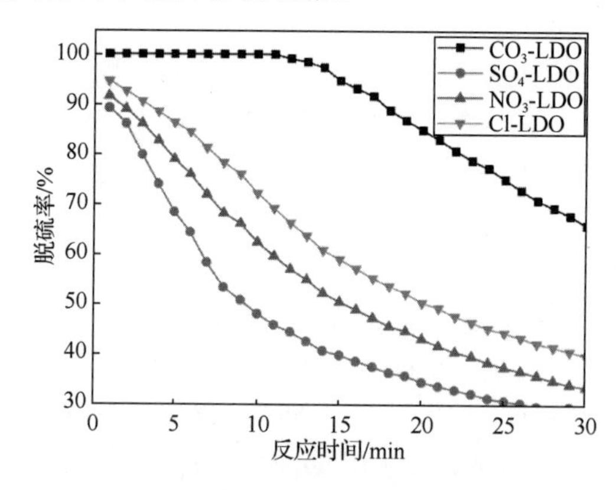

图 3-18　4 种硫转移剂周期 II 脱硫性能对比

本章以类水滑石为前驱体，对其焙烧后衍生物的硫转移性能进行了系统性的研究。在镁铝类水滑石的体系上，加入锰作为氧化促进成分，对其氧化脱硫活性进行了评价，优先筛选出合适的锰含量。在上述基础上，添加第四元附加剂来提高催化剂的还原再生性能，通过对比样品的循环使用性能，筛选出钴锰镁铝金属氧化物。在钴锰镁铝金属氧化物作为硫转移剂的基础上，对比研究了前驱体中的层间阴离子对其复合金属氧化物的性能影响，通过一系列的物化性能表征和硫转移性能评价可知，层间阴离子为碳酸根离子的钴锰镁铝类水滑石，焙烧后所制得的硫转移剂具有较高的氧化脱硫和还原再生能力。相关结论具体如下所述。

1）采用共沉淀法将锰加入镁铝类水滑石层状结构中。随着类水滑石中锰含量的增多，焙烧后样品由 Mg(Al)O 相向锰镁铝尖晶石相转变，最后形成四氧化三锰黑锰矿相和锰尖晶石相；样品的脱硫性能呈现出先增后减的趋势，当锰、镁、铝摩尔比为 2.5∶0.5∶1 时，表现出高的氧化脱硫性能。MnO_x 除了具有促进 SO_2 氧化成 SO_3 的能力之外，自身对 SO_x 也有一定的吸附能力。

2）在锰镁铝体系中加入第四元活性成分后，第四元金属氧化物可以高度分散到样品中，所有样品都具有锰镁铝尖晶石相，只有含镍样品出现微弱的氧化镍-氧化镁方镁石相衍射峰。铁、钴、铬金属氧化物可以进一步提高催化剂对 SO_2 的氧化吸附能力，其中铬锰镁铝金属氧化物具有最佳的脱硫率；铁和钴金属氧化物能够大幅提升催化剂的还原再生性能。

3）以碳酸根插层的类水滑石为前驱体，制备的钴锰镁铝金属氧化物具有最大的比表面积、孔体积和平均孔径，硫转移剂孔径和孔体积越大，氧化脱硫性能越强，催化剂的初始结构同样影响到还原再生后样品的氧化脱硫能力。样品 CO_3-LDO 还原再生后依旧具有最佳的氧化脱硫能力，表现出良好的硫转移性能。

第 4 章　比表面积对硫转移剂性能的影响

有文献报道[125-127]，硫转移剂发挥作用的主要部分在材料的表面活性位，而内部的活性成分并不能充分得到利用。实验研究中可以发现，要增加硫转移剂的脱硫能力，不仅要考虑经济高效的氧化活性成分，还应该考虑增加硫转移剂的比表面积。

近年来，随着我国石油化工与催化材料产业的飞速发展，关于催化裂化硫转移剂制备方法的研究也越来越多。其中，如何制备出性能可靠、质量上乘的高比表面积硫转移剂是该领域的重要研究方向[128-130]。目前，研究人员普遍采用溶胶-凝胶法、共沉淀法、浸渍法等合成不同形貌的硫转移剂，但是制备得到的硫转移剂仍存在比表面积普遍较低的缺点[131]。

微乳液是一种热力学稳定的由表面活性剂、助表面活性剂、油相和水组成的系统。油包水型微乳液被称为反相微乳液。在反相微乳液中，微小的水核周围有表面活性剂和助表面活性剂单层界面，可形成微乳颗粒，其大小为 10～100nm。相互分离的微小水核，构成一个单独的微反应器，溶于水核的反应物发生反应，并通过改变微乳液参数可控制颗粒大小及分布等，以此大大提高催化剂的比表面积。

表面活性剂是氧化铝改性和催化剂改性过程中经常用到的一种材料，加入表面活性剂可以适当地改变氧化铝载体的比表面积和孔结构。另根据粉末团聚毛细管吸附理论，电热干燥是使湿物料溶剂从液态到气态，然后蒸发除去湿物料溶剂的过程。液态溶剂在颗粒之间形成液桥，巨大的气-液界面表面张力使两粒子相互接近，干燥时两者之间的粒子空穴结构由于液桥消失而被破坏。真空冷冻干燥时，物料处于冻结状态，通过升华除去凝结的溶剂，避免了孔隙坍塌现象引起的固-液界面的表面张力的作用，使湿物料和孔径分布的组织结构最大限度地被保存，并有效抑制了硬团聚颗粒的产生，得到具有较高的比表面积和孔体积、良好的分散性、颗粒小且形态均匀的材料。因此真空冷冻干燥技术作为真空技术与低温技术的结合，在 20 世纪后期得到发展并受到关注，大量文献和实验研究表明[132,133]，采用真空冷冻干燥法制备催化剂材料，具有高比表面积等优点。

采用反相微乳液法、加入表面活性剂及真空冷冻干燥技术制备硫转移剂的相关文献却未见报道。本章将通过考察不同的制备方法、加入表面活性剂及采用不同的制备条件，来增大硫转移剂的比表面积，促进 SO_2 和表面活性位的接触，充分利用活性位，进而提高硫转移剂的氧化吸附性能和还原脱附性能，降低硫转移剂的用量，同时减少硫转移剂对主催化剂的破坏。

4.1　反相微乳液法制备硫转移剂

1）称取拟薄水铝石，缓缓加入烧杯中，再加入蒸馏水，搅拌 3～5min；量取盐酸，逐滴加入搅拌的浆液中，待形成均匀的凝胶后，将烧杯放入65℃水浴锅中，调节pH值至中性，得到样品A；将表面活性剂（聚乙二醇辛基苯基醚）、助表面活性剂（正丁醇）与油相（环己烷）混合，得到混合液B，然后将A和B混合并强烈搅拌，形成稳定的有机相，得到拟薄水铝石的反相微乳液，记为C；按照Al∶$(M^{2+}+Al)=0.5$、Mn^{2+}∶Mg=0.3的比例分别将硝酸镁、硝酸锰配制成溶液滴加到C中，放入140℃烘箱中烘干2h，然后取出后放入700℃马弗炉中焙烧2h，取出研磨并筛分出80～120目的颗粒，得到需要的硫转移剂。

2）按照上述方法，分别考察不同表面活性剂（见下文）条件下制备的硫转移剂样品的性能。

4.2　反相微乳液不同比例对硫转移剂性能的影响

4.2.1　硫转移剂的活性评价

用氮吸附法测定硫转移剂的吸附-脱附等温曲线，结果如图4-1所示，其中图4-1（a）为氮气吸附-脱附等温曲线，图4-1（b）为孔径分布曲线。由图4-1（a）可知，随着有机相含量的增加，吸附-脱附等温曲线的形态有从Ⅳ型往Ⅲ型变化的趋势，也说明孔径有变大的趋势，孔径分布不均匀，但仍为典型的介孔结构，滞后环类型类似于H2型，表明其具有墨水瓶形孔道结构（口小腔大）[134]，根据墨水瓶理论公式，对于墨水瓶形的介孔结构，由吸附支和脱附支分别计算的孔径，应该对应于墨水瓶的瓶肚和瓶口。所以，从吸附等温曲线可以看出，硫转移剂TX-1样品的瓶肚和瓶口尺寸均具有较为狭窄的孔径分布，而硫转移剂TX-6则在吸附台阶出现较高的吸附分压下，吸附与脱附曲线都比较平坦，说明样品具有较大的介孔结构，并且孔径分布较宽。孔径分布曲线也进一步证实，其孔径分布在10～45nm。另外，随着有机相含量的增加、相对压力的提高，吸附等温曲线继续向上，等温吸附量增大，比表面积增高，从孔径分布曲线[图4-1(b)]上可以看到，孔径分布还是在介孔范围内，但孔径有变大的趋势，最概然孔径依次为10.1nm、13.2nm、15.4nm、14.2nm、25.9nm、30.3nm。

几种不同有机相含量制得的硫转移剂的XRD谱图如图4-2所示。图4-2（TX-1）中2θ在32.3°、35.6°、53.2°、64.2°处的衍射峰为三氧化二锰（■）的特征衍射峰，2θ在11.5°、23.1°、38.7°、46.1°处的衍射峰为水滑石（▼）的特征衍射峰，从各种特征衍射峰的峰型和强度特征可以看出，有晶体结构良好的物相存在，但没有生成结晶完整的晶体。硫转移剂TX-1～TX-4都有晶体结构良好的特征，但没有结晶完整的三氧化二锰和水滑石存在，但当表面活性剂（聚乙二醇辛基苯基醚）、助表面活性剂（正丁醇）与油相（环己烷）比例为2∶1∶1时（图4-2中TX-5），开始出现$MgMn_{1.75}Al_{0.25}O_4$（◆）的物相结构，峰型和峰强度较明显，没有其他游离峰出现，说明分散状态良好。Wang和

Li[44]研究发现，镁铝尖晶石晶体的晶胞参数和相对含量有很大关系，随着镁相对含量的增加，其晶格常数先增大，然后减小，当镁、铝摩尔比是 1.0 时，其晶格参数最大。铝离子半径 $r_{Al^{3+}}$=0.067 5nm、镁离子半径 $r_{Mg^{2+}}$ = 0.071 0nm，镁离子半径较大且价态相对较低，镁离子极化效应较弱，在镁铝尖晶石形成中，将迁移到镁铝尖晶石晶格中或占据铝离子空缺位，致使镁铝尖晶石晶胞产生扩张效应，从而改变其晶体结构。由此也可以得出，除镁离子、锰离子的影响外，有机相也可能迁移进入晶体结构中，使晶胞产生膨胀，改变晶体结构。

通过对上述的物化性能分析后，利用自制脱硫评价装置对上述不同有机相含量制得的硫转移剂进行脱硫性能研究。图 4-3 所示为脱硫率随反应时间的变化情况，横坐标表示反应时间。

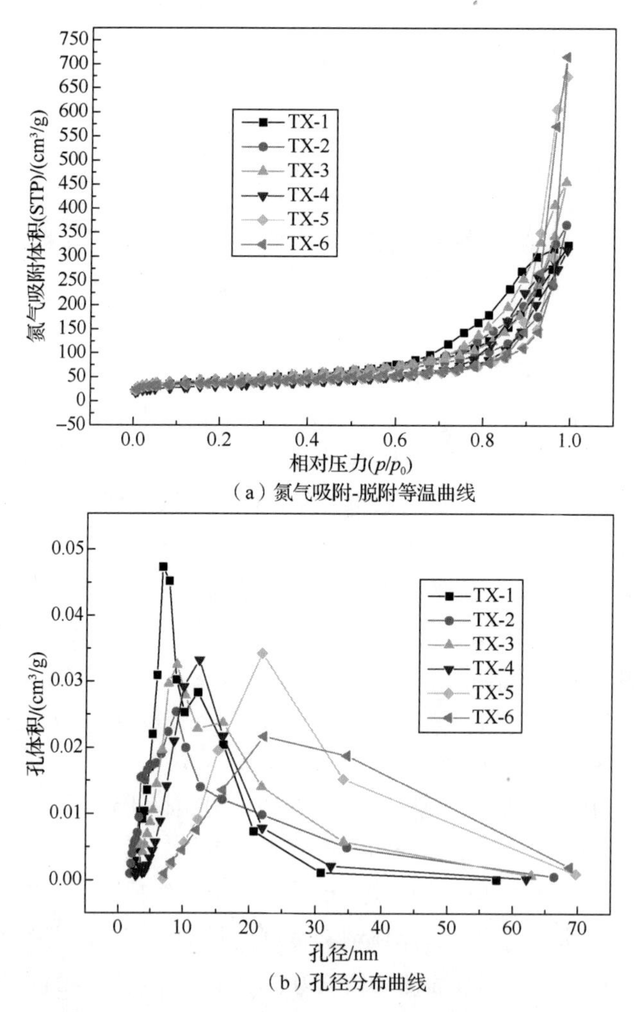

（a）氮气吸附-脱附等温曲线

（b）孔径分布曲线

图 4-1　不同微乳液制得的硫转移剂的氮气吸附-脱附等温曲线及孔径分布曲线

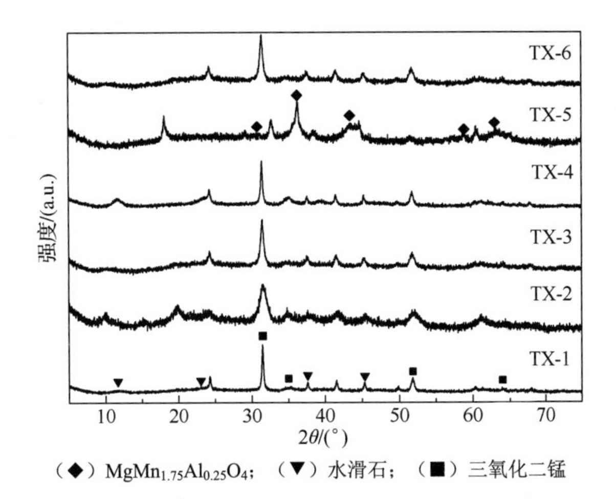

图 4-2　不同有机相含量制得的硫转移剂的 XRD 谱图

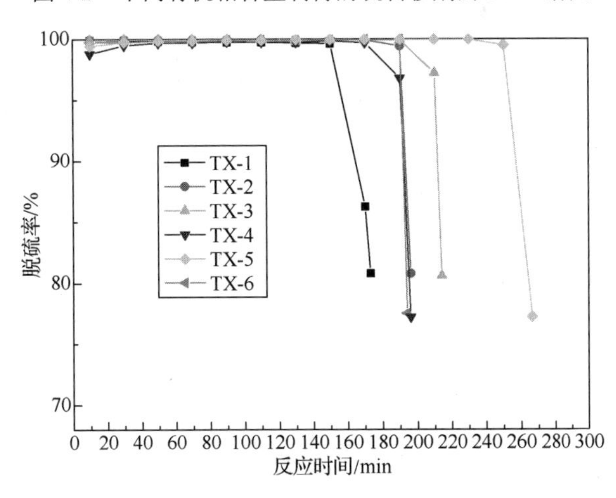

图 4-3　不同硫转移剂脱硫率随反应时间的变化情况图

可以看出，在 700℃焙烧的样品，随着微乳液中表面活性剂相含量的不断增加，比表面积出现先增大后减小的趋势（表 4-1），而脱硫效果基本也是先增大后减小的，当表面活性剂∶助表面活性剂∶油相的体积比为 2∶1∶1 时(图 4-3 中曲线 TX-5 所示效果)，制备的硫转移剂的 SO_2 脱除率最高，SO_2 的吸附量最大，说明微乳液中有机相的含量在一定程度上改善了样品的比表面积，并且影响了样品的脱硫性能，还可以根据需要采用不同用量来达到具体的要求。原因是微乳液有机相改变了孔道结构，增大了孔体积和比表面积，影响了脱硫效果。

表 4-1　不同有机相含量制得硫转移剂的微观结构特征表

硫转移剂样品	比表面积/（m^2/g）	孔体积/（cm^3/g）	最概然孔径/nm
TX-1	112.0	0.49	14.24
TX-2	134.55	1.05	25.87
TX-3	136.23	1.11	30.27

续表

硫转移剂样品	比表面积/（m^2/g）	孔体积/（cm^3/g）	最概然孔径/nm
TX-4	157.94	0.71	15.40
TX-5	149.64	0.50	10.03
TX-6	139.12	0.57	13.16

硫转移剂的孔径较小时，脱硫反应过程中极易被堵塞，硫转移剂利用率很低；而孔径增大时，非常有利于反应气体在其内部的扩散，在脱硫过程中基本不会被堵塞，使硫转移剂本身利用率较高、反应较完全。分析认为，硫转移剂微观结构特征的不同，导致了在相同试验条件下脱硫率的不同。

本节利用 XRD 分析了硫转移剂失活后物相结构的变化，图 4-4 所示为不同表面活性剂含量制备的硫转移剂失活后的物相结构。由图 4-4 中失效样品的 TX-1 曲线可见，三氧化二锰峰已经消失。制备时二价锰离子在高温焙烧时全部被氧化成三价锰离子，所以仅有游离态三氧化二锰相存在，而在整个氧化吸附 SO_2 反应过程中，三价锰离子作为氧化 SO_2 的活性中心时，部分三价锰离子被还原成二价锰离子，所以使用后的硫转移剂会出现游离态的四氧化三锰相。图 4-3 中 TX-5 曲线是活性最好的硫转移剂，在该过程中三价锰离子起到最好的氧化作用，反应完全，图 4-3 中 TX-1 曲线是活性较差的硫转移剂，在氧化过程中三价锰离子受到硫转移剂比表面积小等内部结构的影响，致使氧化效果不完全，因而 XRD 谱图四氧化三锰峰型还较明显。另外，图 4-4 中两条硫转移剂曲线中均显示出样品中有硫酸镁晶体物相。

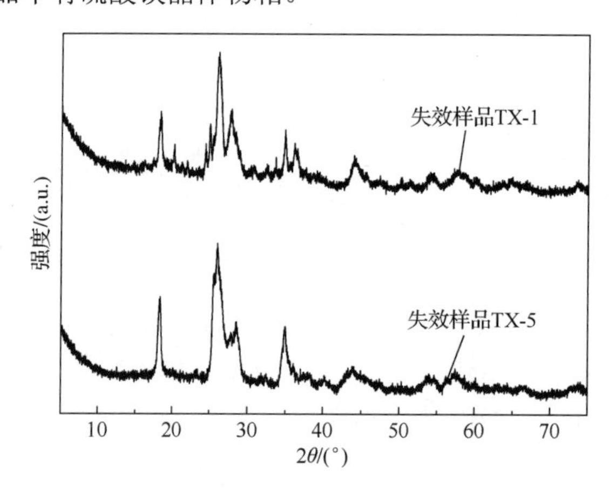

图 4-4　不同表面活性剂含量制备的硫转移剂失活后的物相结构

4.2.2　失活硫转移剂的 TG-DTA 分析

还原过程使失活硫转移剂又生成脱硫活性相。在还原反应过程中，硫转移剂分子中的硫、氧逐步被还原；由于孔隙不断增大，还原反应又是开孔过程，对提高硫转移剂硫化活性具有重要的意义。对于失活硫转移剂在还原性气体（氢气）下将硫酸盐还原的过程，可利用热重-差热分析来研究。将得到的 TG-DTA 曲线进行处理，可计算出硫转移剂的吸附量及还原性能，通过分析得到失活硫转移剂合适的还原温度。

利用 DTU-2A 热重–差热分析仪，考察了微乳液中不同有机相含量制备的硫转移剂失活后的还原再生性能，结果如图 4-5 所示。可以看出，该方法制备的硫转移剂失活后可还原再生，且再生温度都在 500℃左右，还原温度相差不大，催化裂化提升管反应器温度也是 500℃左右，适合失活硫转移剂的还原再生。从表 4-2 更清晰可见，随着有机相含量的增加，即比表面积增加，硫转移剂的最大还原再生速率总体呈减小的趋势；但达到最大还原速率的温度为 500℃左右，还原温度相对稳定；起止失重温度变化不大；根据图 4-4 中的分析，失活后的样品有硫酸镁晶相存在，而纯净硫酸镁被还原的温度高达 800℃以上，综合表 4-2 中的还原温度可知，其仅为 500℃左右，可见该样品的协同作用使失活硫转移剂中硫酸盐的还原温度降低；从失重率看，样品中多数出现二次失重，分析原因是失活样品表面首先被还原失重，随着反应的进行，样品内部的硫酸盐移向表面引起二次失重。

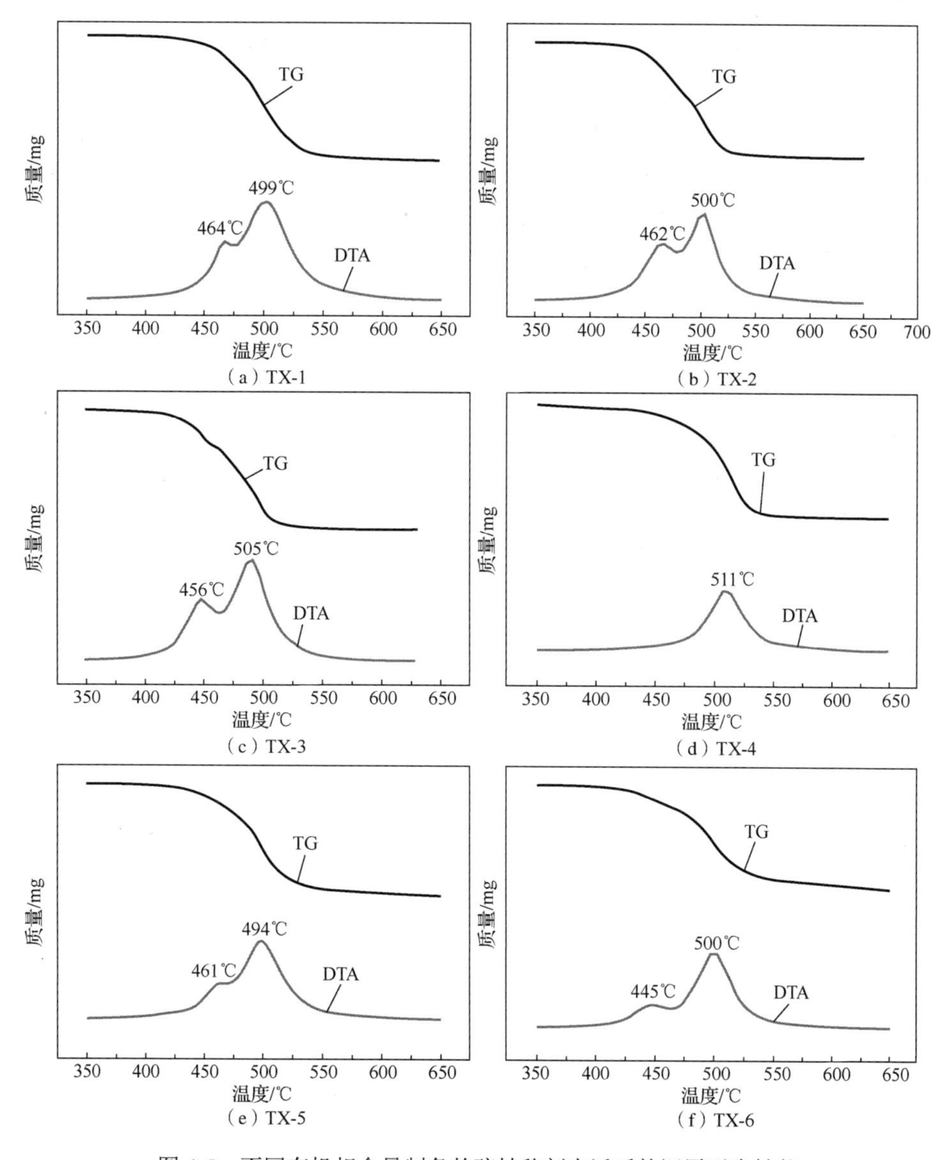

图 4-5　不同有机相含量制备的硫转移剂失活后的还原再生性能

表 4-2　硫转移剂失活后还原再生性能分析结果

项目	TX-1	TX-2	TX-3	TX-4	TX-5	TX-6
起始失重温度/℃	408	410	399	419	396	400
终止失重温度/℃	560	550	546	550	550	550
第一失重率/%	8.91	13.71	12.76	41.06	10.75	8.90
第二失重率/%	33.91	23.37	29.40	—	35.78	39.33
总失重率/%	42.82	37.08	42.16	41.06	46.53	48.23
最大还原速率/%	2.58	2.24	1.70	1.61	1.85	0.94
达到最大还原速率时的温度/℃	499	500	505	511	494	500

Yoo 等[41]研究了镁铝尖晶石组成与硫酸盐还原分解性能之间的关系，表明随着样品中镁、铝元素相对含量的减少，硫酸盐的还原分解速率是增大的，尖晶石型硫转移剂的还原再生速率有如下趋势：Al_2O_3>$MgAl_2O_4\cdot xAl_2O_3$>$MgAl_2O_4\cdot x$MgO ≫ MgO，这是由于镁、铝相对含量的减少，尖晶石的特性更趋近于氧化物，氧化铝形成的硫酸盐较易还原分解，而氧化镁形成的硫酸盐较难还原分解。在应用过程中，硫转移剂先完成 SO_x 的氧化吸附过程，然后再完成还原再生的过程，两个过程密切相关、交替进行。只有当氧化和还原两个过程协同作用时，硫转移剂才能更好地发挥其脱硫效果。催化剂在反应器的停留时间较短，一般为 1～2s，这说明硫转移剂只有很短的时间进行再生，又因为提升管反应器中的还原介质组成复杂且性能较差，如此苛刻的条件对硫转移剂还原性能也就提出了更高的要求。

4.3　前驱体热稳定性对硫转移剂性能的影响

4.3.1　硫转移剂的氮气吸附-脱附分析

为了考察不同有机相含量制得的前驱体，以及在不同焙烧温度下制得的硫转移剂内部结构与脱硫性能的关系。本节首先选择在相同有机含量、不同温度焙烧、比表面积相对较大的一组样品进行分析。

图 4-6 和图 4-7 所示分别为不同硫转移剂的氮气吸附-脱附等温曲线和孔径分布曲线。由氮气吸附-脱附等温曲线（图 4-6）可知，制备的硫转移剂均为典型的孔径较大的介孔结构，具有 H2 滞后环。随着焙烧温度的提高，滞后环向高压方向偏移，说明焙烧温度升高会增大介孔硫转移剂的孔尺寸。孔径分布曲线（图 4-7）表明，随着焙烧温度的升高，会具有较大的孔径结构，且孔径分布较宽，三者的最概然孔径分别为 13.3nm、15.4nm、24.4nm（表 4-3）。随着焙烧温度的升高，硫转移剂在低压下（p/p_0<0.25）的吸附量逐渐降低，说明硫转移剂的比表面积在不断下降。由表 4-3 可见，当温度为 600～700℃时，硫转移剂的比表面积从 185m^2/g 降低到 157m^2/g；当温度升至 800℃时，硫转移剂的比表面为 58m^2/g。另外，当焙烧温度为 600～700℃时，硫转移剂在高压下

（p/p_0>0.8）的吸附量基本保持不变，说明硫转移剂的总孔体积能基本保持不变；当焙烧温度升高到 800℃时，硫转移剂在高压下（p/p_0>0.8）的吸附量减小，说明硫转移剂的总孔体积减小。

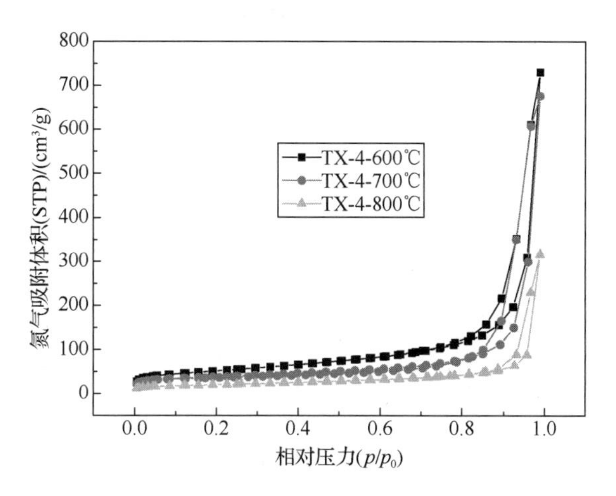

图 4-6　不同焙烧温度下制备硫转移剂的氮气吸附-脱附等温曲线

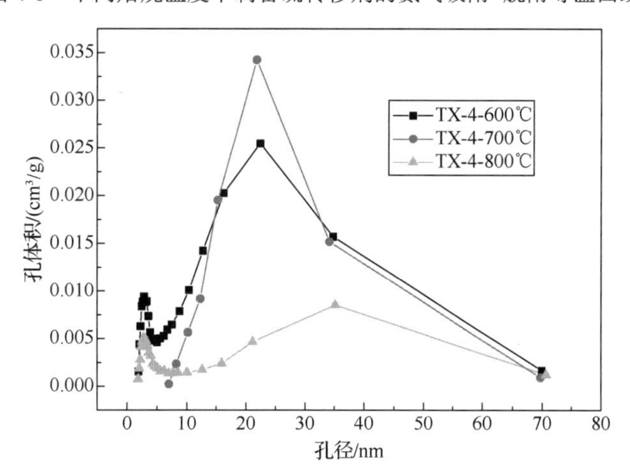

图 4-7　不同焙烧温度下制备硫转移剂的孔径分布曲线

表 4-3　不同焙烧温度下制备硫转移剂的结构特征

硫转移剂样品及温度	比表面积/（m^2/g）	孔体积/（cm^3/g）	最概然孔径/nm
TX-1-600℃	152.4	0.56	11.30
TX-2-600℃	170.9	1.13	23.97
TX-3-600℃	181.9	1.13	22.96
TX-4-600℃	185.0	0.73	13.30
TX-5-600℃	172.1	0.53	9.48
TX-6-600℃	180.9	0.64	12.07
TX-1-700℃	112.0	0.49	14.24
TX-2-700℃	134.55	1.05	25.87

续表

硫转移剂样品及温度	比表面积/（m^2/g）	孔体积/（cm^3/g）	最概然孔径/nm
TX-3-700℃	136.23	1.11	30.27
TX-4-700℃	157.94	0.71	15.40
TX-5-700℃	149.64	0.50	10.03
TX-6-700℃	139.12	0.57	13.16
TX-1-800℃	50.53	0.35	24.4
TX-2-800℃	67.14	0.58	34.1
TX-3-800℃	71.74	0.49	28.0
TX-4-800℃	58.69	0.38	24.4
TX-5-800℃	46.38	0.28	22.6
TX-6-800℃	64.90	0.34	18.6

从表 4-3 进一步看出，当焙烧温度为 600～700℃时，硫转移剂的总孔体积从 0.73cm^3/g 下降到 0.71cm^3/g，基本保持不变；当焙烧温度升至 800℃时，孔体积降到 0.38cm^3/g。结果表明，在高温处理下，硫转移剂中的孔会发生轻微烧结，造成比表面下降，但是主介孔没有坍塌，使其在高温下依然能保持较高的孔体积。纵观以上分析，还要注意的是，在相同焙烧温度下，比表面积和孔径都是随着有机相含量的增加出现先增加后减小的趋势。

4.3.2 硫转移剂的 XRD 分析

图 4-8 所示为不同焙烧温度下制备硫转移剂的 XRD 谱图。随着焙烧温度的升高，出现的 $MgMn_{1.75}Al_{0.25}O_4$ 特征峰的强度增大、峰宽减小，如（111）、（311）、（440）和（511）晶面，且特征峰越来越明显。一些较弱的衍射峰，在低焙烧温度下不出现，或者强度太低无法辨别，在高焙烧温度下都逐渐变强，以致能够清楚地辨别。焙烧温度也不能太高，因为在高温下，该硫转移剂的介孔结构会被破坏。

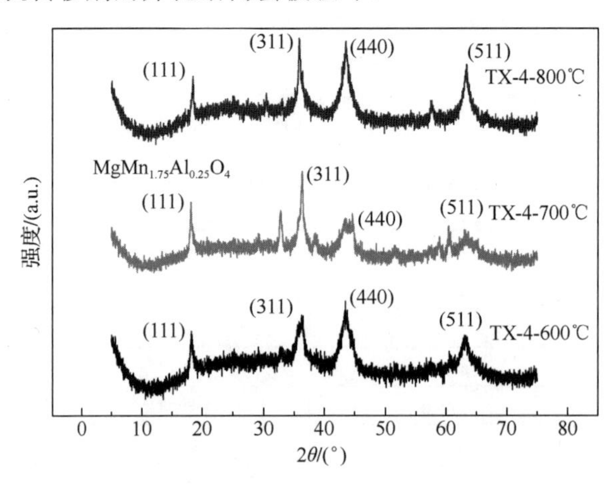

图 4-8 不同焙烧温度下制备的硫转移剂的 XRD 谱图

4.3.3　硫转移剂的 TEM 分析

由图 4-9 的 TEM 图可知，3 种不同温度焙烧制得的样品出现不规则的颗粒，分布呈片状和颗粒状，并出现少量烧结团聚现象。随着温度的升高，片状结构逐渐消失，而颗粒态越来越明显，且颗粒变大，这也与 XRD 分析结果一致。

（a）600℃

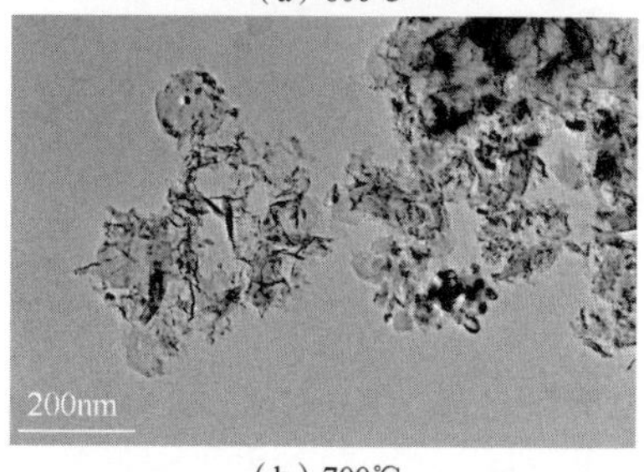

（b）700℃

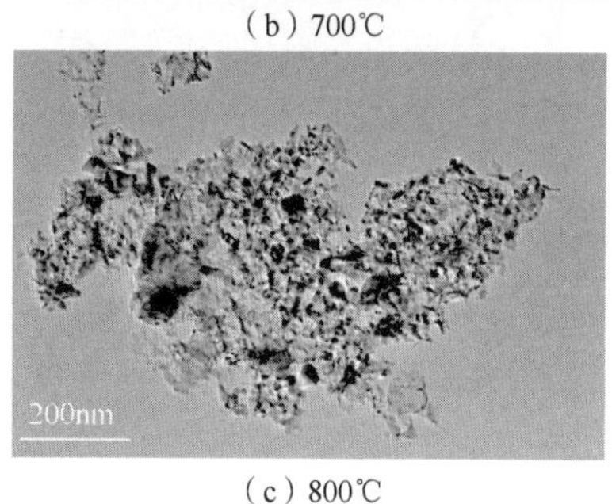

（c）800℃

图 4-9　不同焙烧温度下制备的硫转移剂的 TEM 图

4.3.4　硫转移剂的活性评价

硫转移剂在催化裂化装置的反-再系统（反应-再生系统）中循环时，分别处于 480～550℃和 680～730℃的高温范围，因此本节考察了焙烧温度对该系列硫转移剂稳定性能的影响。

图 4-10 所示为不同有机相含量制得的硫转移剂的脱硫活性（前驱体后在 600℃焙烧制得的样品）。可以看出，随着有机相含量在硫转移剂中的增加，比表面积先增加，然后下降（表 4-3），硫转移剂失活时间增加，而硫转移剂的失活时间可以用来描述其 SO_2 饱和吸附量的大小，所以增加有机相含量，硫转移剂饱和吸附量也增加，硫转移剂可对

SO_2具有较好的氧化吸附性能。值得注意的是，当表面活性剂（聚乙二醇辛基苯基醚）、助表面活性剂（正丁醇）与油相（环己烷）的比例由 0∶1∶1 增加到 1∶1∶1 时，失活时间从 170min 延长至 200min，硫转移剂的饱和容硫量的增加幅度不大；但当表面活性剂（聚乙二醇辛基苯基醚）、助表面活性剂（正丁醇）与油相（环己烷）的比例由 1∶1∶1 增加到 3∶1∶1 时，失活时间从 200min 延长至 240min 左右，硫转移剂饱和容硫量的增加幅度较大。

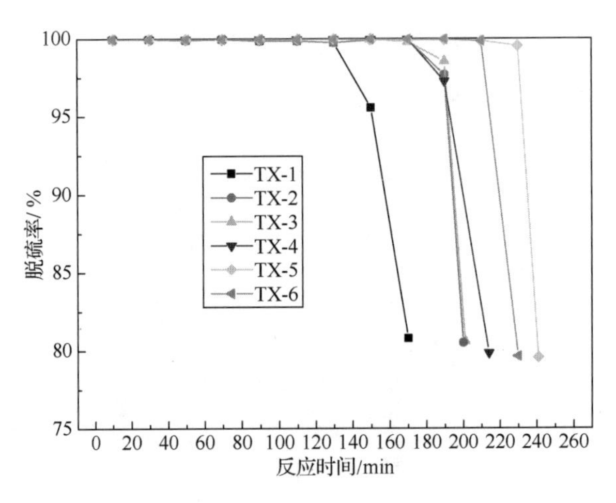

图 4-10　不同有机相含量制得的硫转移剂的脱硫活性

图 4-11 所示为不同有机相含量制得硫转移剂前驱体后在 800℃焙烧制得的样品的 SO_2吸附性能。从图 4-11 可以看出，随着硫转移剂中有机相含量的增加，比表面积基本也是先增大后减小（表 4-3），硫转移剂失活的时间不断延长，所以随着有机相含量的增加，有利于硫转移剂饱和吸附容量的增大，硫转移剂也表现出较好的氧化吸附 SO_2的性能。值得注意的是，当表面活性剂（聚乙二醇辛基苯基醚）、助表面活性剂（正丁醇）与油相（环己烷）的比例由 0∶1∶1 增加到 1∶1∶1 时，失活时间从 200min 延长至 230min，硫转移剂的饱和容硫量的增加幅度也不大；但当表面活性剂（聚乙二醇辛基苯基醚）、助表面活性剂（正丁醇）与油相（环己烷）的比例由 1∶1∶1 增加到 3∶1∶1 时，失活时间从 230min 延长至 270min 左右，硫转移剂的饱和容硫量的增加幅度很大。另外，由表 4-3 及脱硫性能（图 4-11 和图 4-12）可知，脱硫性能最优的样品是 TX-6-600℃和 TX-6-800℃，各样品的比表面积在其体系中相对较大，孔径都在 10～20nm。原因是同一条件下制得的前驱体，焙烧温度越高，样品内部有机相等物质焙烧越完全，在保证结构不至于坍塌的情况下，活性位裸露在外的就越多，吸附量也就越大，但也不能忽视了孔径的大小，若孔径太大，即使比表面积很大的样品，SO_2仍然会穿过而很少与其活性位接触反应；若孔径太小，SO_2分子又很难进入内部与活性位反应，所以合适的孔径大小也是影响氧化吸附 SO_2的重要因素。另据文献报道，碱性氧化物氧化镁是吸附 SO_2的活性成分，当活性中心含量在一定范围内时，硫转移剂吸附 SO_2活性中心的数目明显增加，SO_2饱和吸附容量明显增大。在 SO_2的吸附过程中，饱和吸附量的大小不仅与硫转移剂的碱性物的含量有关，还在很大程度上取决于其结构特点，虽然活性中心含量增

加，其活性位也会增加，但这会对硫转移剂的结构产生负面影响，不利于 SO_2 在催化剂的内扩散，导致饱和硫容量无显著增加，甚至有降低。综合分析表明，只有当硫转移剂的碱性适度且结构合理时，其才具有更好的 SO_2 氧化吸附性能。

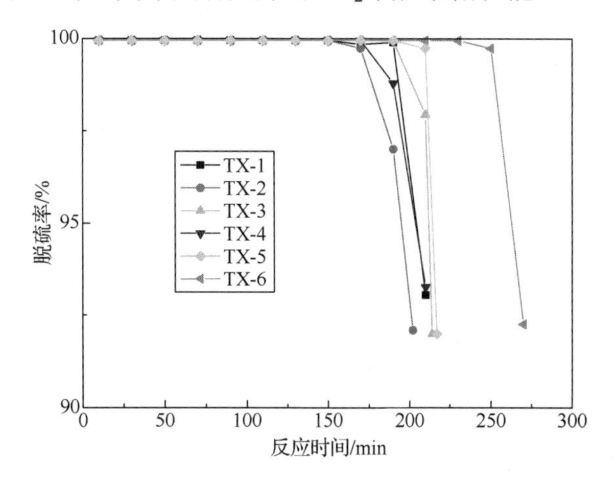

图 4-11　不同有机相含量制得的硫转移剂前驱体在 800℃焙烧制得的样品的 SO_2 吸附性能

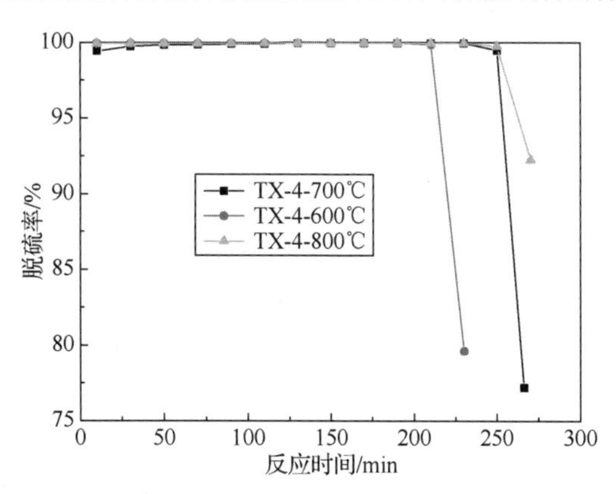

图 4-12　样品的焙烧温度对 SO_2 脱除率的影响曲线

制备硫转移剂的不同焙烧温度对 SO_2 脱除率的影响曲线如图 4-12 所示。由图 4-12 可以看出，当焙烧温度为 600℃时，硫转移剂的失活时间为 230min 左右，饱和吸附硫容量相对较小；当焙烧温度为 700℃和 800℃时，硫转移剂的失活时间为 270～280min，SO_2 的饱和吸附容量相差不大，说明该方法制备的硫转移剂具有较好的热稳定性和脱硫活性，尽管孔结构发生变化（图 4-6 和图 4-7、表 4-2），比表面积减小，平均孔径增大（由 23nm 增加到 28nm），但没有阻碍 SO_2 向硫转移剂体相扩散及与活性成分的作用，从而使硫转移剂的饱和吸附容量有所保持。另外，催化裂化再生器温度为 680～730℃，并且 700℃焙烧制得的样品已经具有较好的硫转移性能，若再考虑到经济节能，可选用 700℃作为样品的焙烧温度。

图 4-13 所示为硫转移剂吸附 SO_2 失活后的 XRD 谱图，在图 4-13 的 3 条曲线中都有硫酸镁的特征衍射峰，而图 4-13（c）中除硫酸镁的特征衍射峰外，还有四氧化三锰

衍射峰，由此可以推断出，镁离子是吸附 SO_3 的主要成分，四氧化三锰在 SO_2 氧化吸附过程中也是氧化活性成分。在 800℃焙烧时，四氧化三锰活性成分更多，且本身并没有直接与三氧化硫作用产生相应的硫酸盐，而是对 SO_2 转化成三氧化硫具有催化作用。

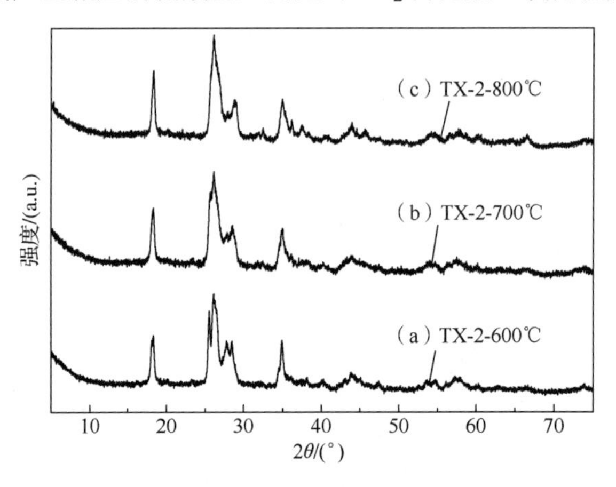

图 4-13　硫转移剂吸附 SO_2 失活后的 XRD 谱图

4.3.5　失活硫转移剂的 TG-DTA 分析

利用 DTU-2A 热重-差热分析仪考察了 600℃焙烧制得的硫转移剂失活后的还原再生性能，结果如图 4-14 所示。从图 4-14 可以看出，该温度焙烧制备的硫转移剂失活后可还原再生，且起始还原温度都在 400℃左右，达到最大还原速率的温度也都在 500℃左右，还原温度相差不大，适合失活硫转移剂的还原再生。由表 4-3 可见，随着有机相含量的增加，样品出现两次失重峰，起始还原温度较低，达到最大还原速率时的温度也较低，而硫转移剂样品 TX-4 仅有一个失重峰，起始还原温度、最大还原速率及达到最大还原速率的温度相对较高，但所有样品的总失重率变化不大。另据图 4-4 中分析，失活后的样品有硫酸镁晶相存在，而纯净硫酸镁被还原的温度为 800℃以上，综合表 4-4 中的起始还原温度在 400℃左右可知，该样品的协同作用可使失活硫转移剂中硫酸盐的还原温度降低。

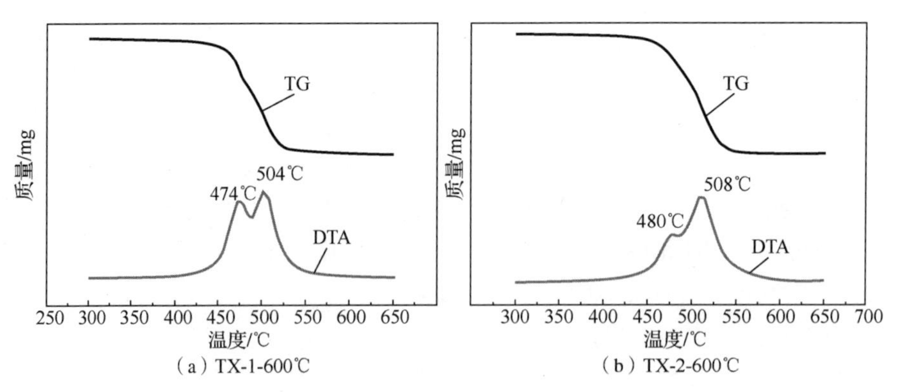

图 4-14　不同有机相含量 600℃焙烧制备的硫转移剂失活后的还原再生性能

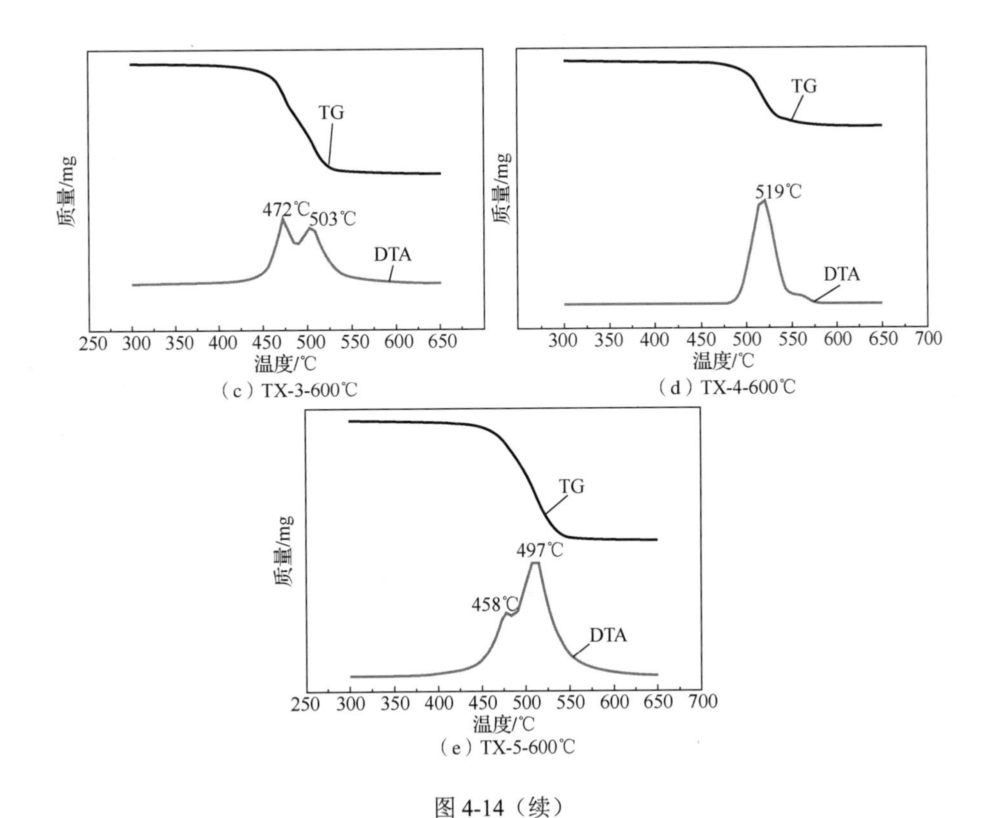

（c）TX-3-600℃　（d）TX-4-600℃

（e）TX-5-600℃

图 4-14（续）

表 4-4　硫转移剂失活后还原再生性能分析结果

项目	TX-1	TX-2	TX-3	TX-4	TX-5
起始失重温度/℃	413	413	400	429	382
终止失重温度/℃	550	553	550	580	550
第一失重率/%	18.44	10.81	17.59	41.25	10.31
第二失重率/%	19.80	32.02	24.58	—	31.79
总失重率/%	38.24	42.83	42.17	41.25	42.10
最大还原速率/%	1.17	1.28	2.47	5.40	1.49
达到最大还原速率时温度/℃	504	508	472	519	497

图 4-15 所示为 800℃焙烧制得的硫转移剂失活后的还原再生性能。从图 4-15 和表 4-5 可以看出，该温度焙烧制备的硫转移剂失活后起始还原温度都在 400℃左右，达到最大还原速率的温度也都在 500℃左右，还原温度相差不大。尽管样品大多出现两次失重峰，但其中一次失重峰不明显，所有样品的总失重率变化不大。

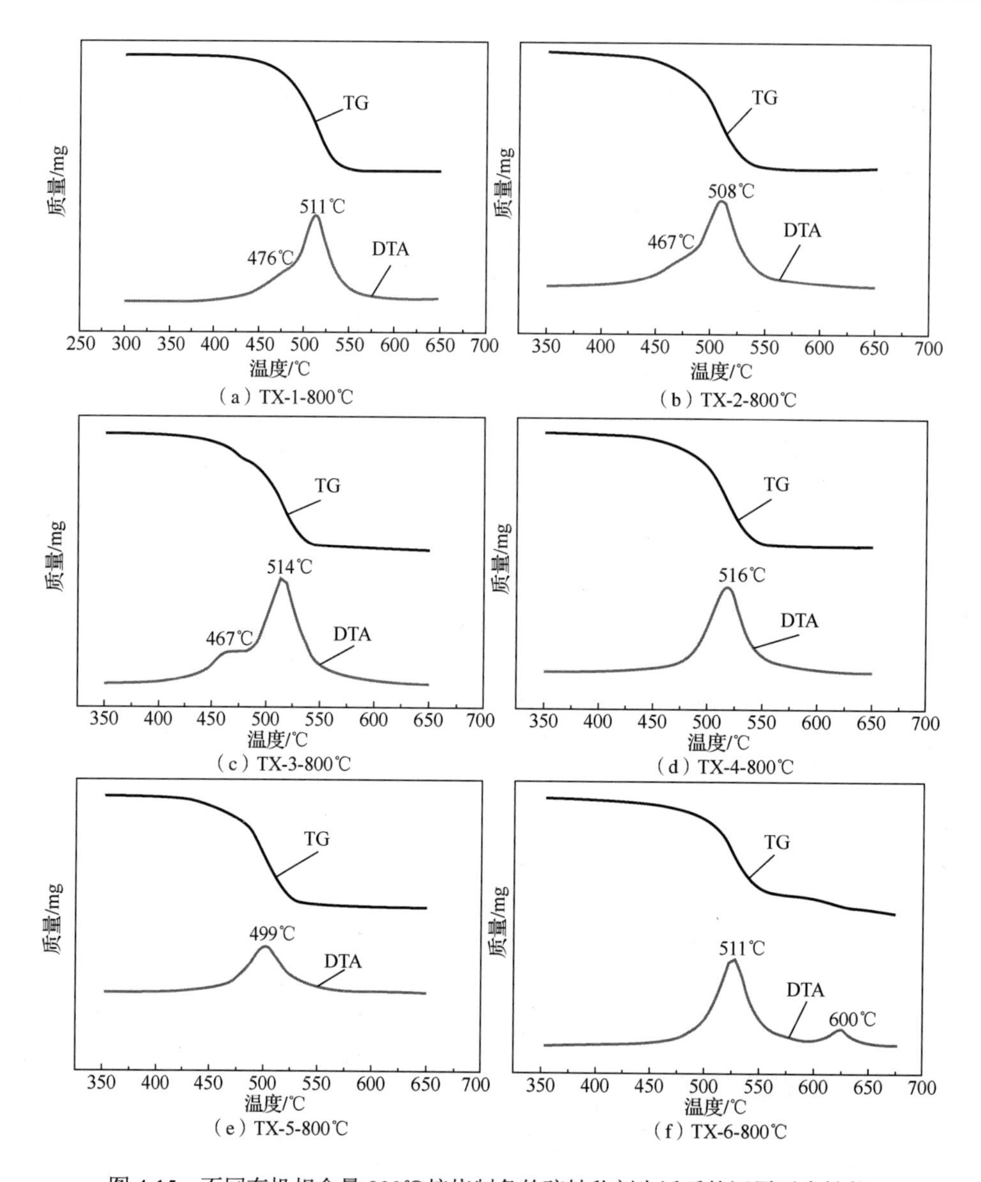

图 4-15　不同有机相含量 800℃焙烧制备的硫转移剂失活后的还原再生性能

表 4-5　硫转移剂失活后还原再生性能的分析结果

项目	TX-1	TX-2	TX-3	TX-4	TX-5	TX-6
起始失重温度/℃	410	410	400	400	400	410
终止失重温度/℃	565	556	560	558	560	640
第一失重率/%	7.38	7.57	7.73	41.43	44.31	47.16
第二失重率/%	31.62	33.56	33.88	—	—	8.44
总失重率/%	39.00	41.13	41.61	41.43	44.31	55.60
最大还原速率/%	2.48	1.65	2.06	2.24	2.04	1.64
达到最大还原速率时温度/℃	511	508	514	516	499	511

4.3.6　抽滤洗涤时间对硫转移剂性能的影响

在表面活性剂（聚乙二醇辛基苯基醚）、助表面活性剂（正丁醇）与油相（环己烷）的比例为 2∶1∶1 时，选取抽滤洗涤时间为 2h、4h、6h 作为对比试验，制备的前驱体在 700℃焙烧。不同抽滤洗涤时间对硫转移剂脱硫性能的影响如图 4-16 所示。可以看出，随着抽滤洗涤时间的延长，失活时间稍有变化，但变化不大，也就说明，抽滤洗涤 6h 内对脱硫性能的影响不大。其原因除了有机相不能产生离子交换过程外，还在于其具有很大的吸附能力。表面活性剂极易吸附于前驱体表面，并通过分配作用大量进入前驱体中间，从而导致降低表面活性剂的被洗脱能力，700℃高温焙烧可将吸附于前驱体表面和进入体相中的有机相去除，以致对脱硫性能的影响不大。表 4-6 所示为不同抽滤洗涤时间下制备的硫转移剂的结构特征。从表 4-6 中可以看出，不同的抽滤时间对样品的比表面积、孔体积、孔径等结构特征的影响不大，这解释了样品的脱硫性能变化不大的原因。

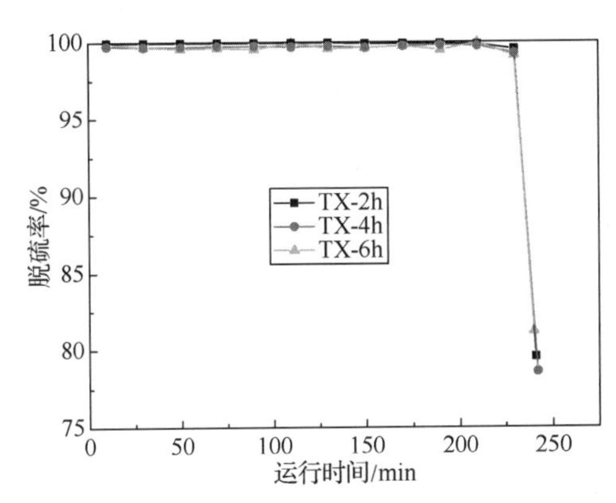

图 4-16　不同抽滤洗涤时间对硫转移剂脱硫性能的影响

表 4-6　不同抽滤洗涤时间下制备的硫转移剂的结构特征

硫转移剂样品	比表面积/（m^2/g）	孔体积/（cm^3/g）	最概然孔径/nm
TX-2h	134.55	1.05	25.87
TX-4h	135.03	1.10	27.27
TX-6h	135.12	1.08	26.90

4.4　不同表面活性剂对硫转移剂性能的影响

由孔结构参数可以看出，各个样品相比，硫转移剂样品 Mn-MO-PEG1000（Polyethylene glycol，PEG，简称“聚乙二醇”；PEG1000 是原子量为 1 000 的聚乙二醇，数字代表原子量，下同）结构中含有一些大孔，其比表面积和比孔体积较大。对比各孔分布曲线可以看出，加入表面活性剂焙烧后 Mn-MO-碳酰胺和 Mn-MO-柠檬酸相似，主要孔径分布范围为 2～10nm，且分布比较分散；其余样品的最概然孔径均大于 10nm，且孔径范围内比较集中。

对于脱硫反应而言，除了孔径大小影响反应气体的扩散过程外，硫转移剂比表面积的大小也是影响脱硫性能非常重要的因素。在满足气体扩散的前提下，适当减小孔径，增加反应表面积，将会提高脱硫的反应速率。未加表面活性剂的样品比表面积为 64.8m^2/g，其比孔体积也很小，表明其内部孔径很小，不能满足气体扩散的要求。加入表面活性剂焙烧后孔径有所增大，允许气体在其内部自由扩散，再比较其比表面积数据可以看出，Mn-MO-PEG1000 比表面积最大（95.0m^2/g），Mn-MO-PEG6000 次之（82.6m^2/g），Mn-MO-柠檬酸最小（64.8m^2/g）（图 4-17）。可知 Mn-MO-PEG1000 具有较好的吸附脱硫性能。

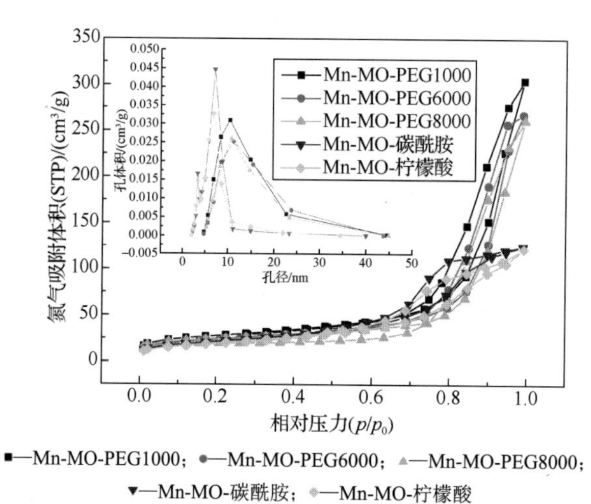

■—Mn-MO-PEG1000；●—Mn-MO-PEG6000；▲—Mn-MO-PEG8000；
▼—Mn-MO-碳酰胺；◆—Mn-MO-柠檬酸

图 4-17　添加不同表面活性剂制得的样品的氮气吸附-脱附等温曲线及孔径分布曲线

利用自制脱硫评价装置对上述样品进行脱硫性能的研究。图 4-18 所示为添加不同表面活性剂 SO_2 脱硫率随反应时间的变化情况。由图 4-18 可以看出，加入不同表面活性剂会出现不同的脱硫趋势，当添加 Mn-MO-PEG1000 时，效果最好，加入柠檬酸的效果较差。

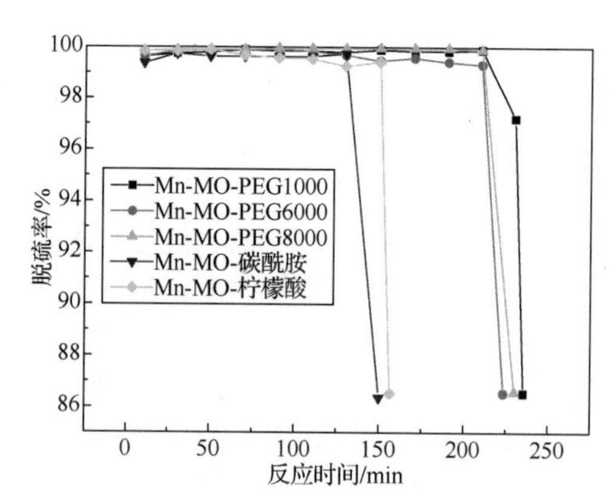

图 4-18　添加不同表面活性剂对脱硫性能的影响曲线

硫转移剂的孔径较小，反应过程中极易被堵塞，易导致硫转移剂的利用率很低；而孔径增大时，非常有利于反应气体在其内部的扩散，在脱硫过程中基本不会被堵塞，使晶粒本身的利用率升高，反应较完全。分析认为，硫转移剂孔结构的不同，导致了在相同实验条件下脱硫特性的不同，如表 4-7 所示。比较几种硫转移剂的孔结构参数和 SO_2 脱硫率曲线可以看出，Mn-MO-碳酰胺和 Mn-MO-柠檬酸焙烧后可形成较小的气孔，比表面积也有所增大，应该具有较好的 SO_2 吸附性能，但是这种小气洞气体扩散阻力大，反应气体难以扩散到颗粒内部，造成脱硫反应只能快速地在脱硫剂颗粒表面进行，内部表面积并不能反应；对整个颗粒，小气孔容易被堵塞，表面反应太快，反而加速了颗粒表面气孔的隔离，这将大大降低硫转移剂的利用率。Mn-MO-PEG1000 形成的孔直径大于 10 nm，这种气孔内部孔隙气体扩散的阻力相对较小，致使反应气体首先进入粒子内部，虽然颗粒的内表面积不大，但几乎全部参与了脱硫反应，且在脱硫反应时不会轻易被反应产物堵塞，且经过长时间的反应后，足够大的气孔仍然允许 SO_2 气体向颗粒深处扩散，从而能够进行更完全的脱硫反应，使得硫转移剂的利用率提高。

表 4-7 不同硫转移剂的孔结构参数

硫转移剂样品	最概然孔径/nm	主要孔径范围/nm	孔体积/（cm^3/g）	比表面积/（m^2/g）
Mn-MO-PEG1000	13.64	5～22	0.471	95.0
Mn-MO-PEG6000	14.16	5～23	0.416	82.6
Mn-MO-PEG8000	14.31	2～22.5	0.403	79.6
Mn-MO-碳酰胺	6.87	2～10	0.193	76.3
Mn-MO-柠檬酸	7.42	2～10	0.188	68.2
Mn-MO	10.49	—	0.222	64.8

4.4.1 PEG1000 对硫转移剂性能的影响

利用 XRD 分析了样品物相结构的变化，XRD 谱图如图 4-19 所示。图 4-19 中样品 MO 形成了 Mg(Al)O 晶相及尖晶石结构相，而样品 Mn-MO 在没加入表面活性剂的影响时，出现了与锰相关的特征衍射峰四氧化三锰$[Mn^{2+}(Mn^{3+})_2O_4]$，这说明，部分二价锰离子在焙烧过程中被氧化成三价锰离子形成了黑锰矿型晶相[66]，2θ 在 18°、30°、36°、58° 和 63° 处的衍射峰为 $MgAl_{1.75}Mn_{0.25}O_4$ 的特征衍射峰，从各特征衍射峰的峰型和强度特征可以看出，存在结构良好的物相。

从图 4-20 不同样品的 TEM 和 SAED 照片可以看出，700℃焙烧 2h 制备的样品 Mn-MO 出现不规则的纳米颗粒，具有少量烧结团聚现象，并且平均平面间距为 0.2～0.3nm，其电子衍射图案能观察到尖晶石 3 个最强的衍射环。当引入 PEG1000 之后，颗粒的形貌大小没有发生明显的变化，也出现少量团聚现象，都没有生成结晶完整的晶体，其衍射环也比较模糊，说明合成的样品结晶度较差，也存在尖晶石相和 $MgAl_{1.75}Mn_{0.25}O_4$，这也与图 4-19 中 XRD 分析结果基本一致。

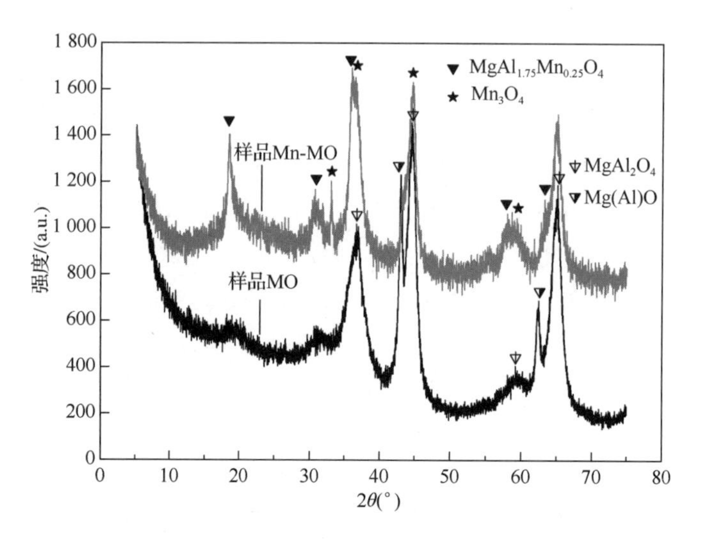

图 4-19　样品 MO、Mn-MO 的 XRD 谱图

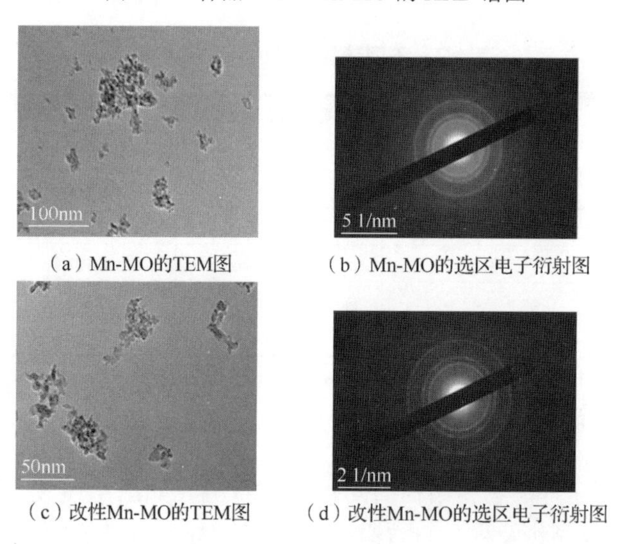

（a）Mn-MO的TEM图　（b）Mn-MO的选区电子衍射图

（c）改性Mn-MO的TEM图　（d）改性Mn-MO的选区电子衍射图

图 4-20　Mn-MO 改性前后样品的 TEM 照片及电子衍射图案

分别加入 5%、10%、15%、20% PEG1000[131]后脱硫效果如图 4-21 所示，随着 PEG1000 用量的增加，硫转移剂的脱硫效果出现了增加后降低的趋势。硫吸附量有明显的变化，其中加入 10%的 PEG1000 时，催化活性最强，硫容量最大。说明 PEG1000 的加入可以在一定程度上提高硫转移剂的脱硫能力，并且可以根据需要采用不同用量的 PEG1000 来达到具体的要求。原因是 Al-(Al + M^{2+})> 0.33 时，晶体中相邻的三价铝离子数量增加，增加的阳离子之间的排斥力扩大了铝离子之间的距离，二价锰离子和三价锰离子完全进入样品的晶格结构中，锰的引入有利于 SO_2 的氧化，并被吸附形成硫酸锰，在氧化吸附中三价锰离子是活性中心[64]，过量的氧气把二价锰离子氧化成三价锰离子，当 SO_2 氧化成三氧化硫时，三价锰离子被还原成二价锰离子从而形成硫酸锰；另外 PEG1000 的加入也改变了孔道结构，增大了孔体积和比表面积，影响了脱硫的效果。

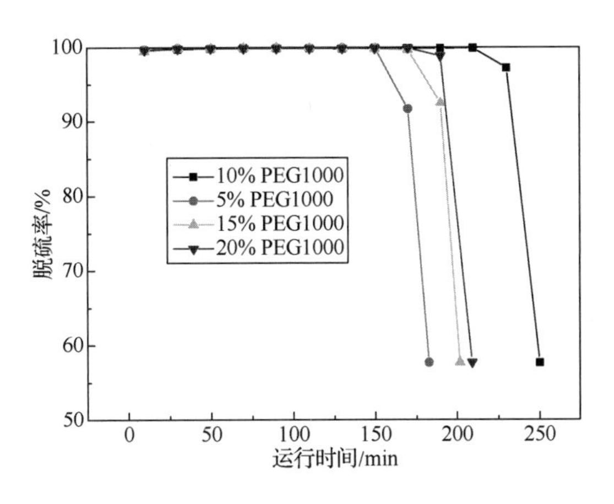

图 4-21　PEG1000 含量对脱硫性能的影响曲线

图4-22所示为不同PEG1000含量制得样品的氮气吸附-脱附等温曲线及孔径分布曲线。从图 4-22 中可以看出，当 PEG1000 含量增加时，硫转移剂的比表面积出现先增大后减小的不规则变化趋势。这是因为 PEG1000 含量过大或过小时，硫转移剂前驱体的生成不易控制，致使颗粒长大，从而比表面积有所变化。图 4-22 中插图是在不同 PEG1000 含量下焙烧的硫转移剂的孔体积随孔径大小的分布曲线，图中给出了它们最概然分布的孔径范围。从图 4-22 中可以看出，随着 PEG1000 含量增加，硫转移剂的介孔也增多。5% PEG1000 曲线孔径分布大部集中在 2～20nm，最概然孔径分别在 3.5nm 和 8.7nm 处，孔径分布出现宽的肩峰，说明这种多孔材料的孔道不大且孔结构并不十分规则；随着 PEG1000 含量的增加，硫转移剂的孔径分布越来越集中，中孔体积也相对增多。

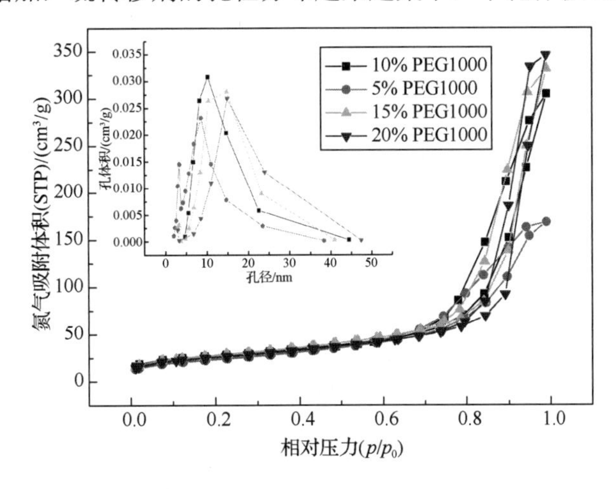

图 4-22　不同 PEG1000 含量制得的样品的氮气吸附-脱附等温曲线及孔径分布曲线

表 4-8 所示为不同 PEG1000 含量制得的样品的孔结构参数。这表明，虽然不同 PEG1000 含量的硫转移剂的孔径分布在 5～40nm，但综合考虑活性数据可以说明，硫转移剂的孔径分布和孔体积对其脱硫活性至关重要。

表 4-8　不同硫转移剂的孔结构参数

硫转移剂样品	孔体积/（cm^3/g）	比表面积/（m^2/g）
10% PEG1000	0.471 3	95.0
5% PEG1000	0.260 7	84.6
15% PEG1000	0.512 2	99.1
20% PEG1000	0.534 9	92.1

图 4-23 所示为样品吸附 SO_2 失活后的 XRD 谱图，在曲线中出现硫酸镁的特征衍射峰，除硫酸镁的特征衍射峰外，$MgAl_{1.75}Mn_{0.25}O_4$ 晶相消失，出现较明显的镁铝尖晶石衍射峰，由此可以推断出，镁离子是吸附 SO_3 的主要成分，四氧化三锰在 SO_2 氧化吸附过程中是氧化活性成分。据 Pereira 等[33]从热力学上分析，尽管硫酸锰能形成，但其结晶度很低，考虑其良好的分散性，所以无硫酸锰晶相，曲线中也没有出现。

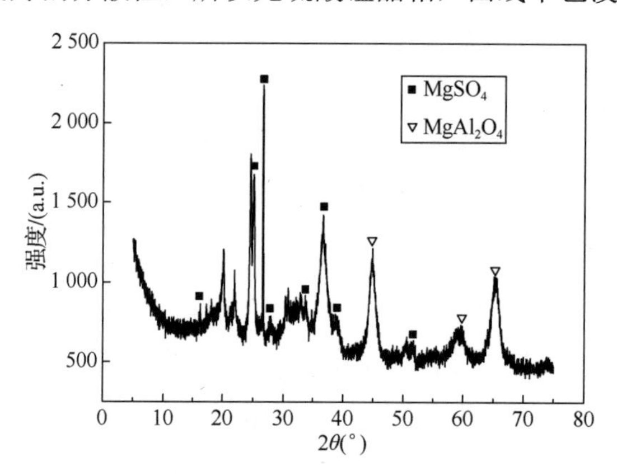

图 4-23　样品 Mn-MO-10% PEG1000 失活后的 XRD 谱图

4.4.2　PEG1000 对不同硫转移剂性能的影响

由图 4-24 可以看出，钴的引入有利于 SO_2 的氧化吸附，在氧化吸附中三价钴离子是活性中心，过量的氧气把二价钴离子氧化成三价钴离子，当 SO_2 氧化成 SO_3 时，三价钴离子被还原成二价钴离子从而形成硫酸钴。按上述比例分别加入 5%、15%、20%的表面活性剂，效果如图 4-24 所示。随着 PEG1000 的增加，硫的吸附量有所降低，加入 5%表面活性剂的效果稍好，但变化不大，说明 PEG1000 的含量变化对脱硫效果没有明显的影响。

图 4-25 所示为不同 PEG1000 含量制得样品的氮气吸附-脱附等温曲线，说明均为介孔材料，样品 15% PEG1000 在相对压力为 0.45～1.0 时出现两级吸附台阶，在相对压力为 0.45～0.8 的吸附台阶处出现的图形，应该归属于氮气分子在介孔中发生的毛细管凝聚现象。相对压力为 0.8～1.0 的吸附台阶，则是由于颗粒和骨架之间较大的介孔造成的。由表 4-9 可见，3 个样品的比表面积分别为 $123m^2/g$、$93m^2/g$、$87m^2/g$。随着表面活性剂加入量的增加，比表面积是依次减小的；再对比图 4-24 可知，样品的比表面积越大，脱硫效果越好。

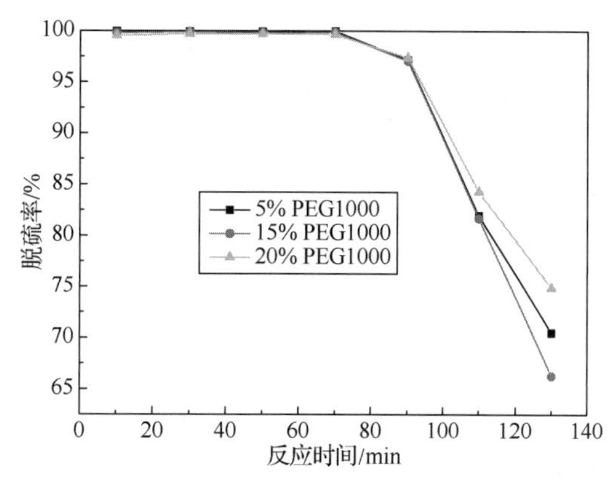

■—Co-MO-5%PEG1000；●—Co-MO-15%PEG1000；▲—Co-MO-20%PEG1000

图 4-24　PEG1000 含量对脱硫性能的影响曲线

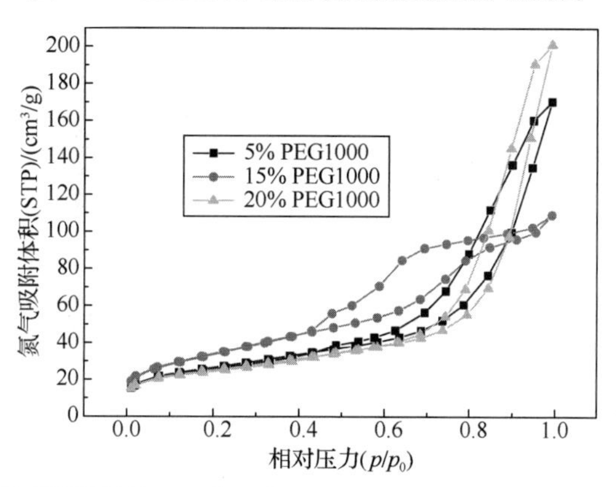

■—Co-MO-5%PEG1000；●—Co-MO-15%PEG1000；▲—Co-MO-20%PEG1000

图 4-25　不同 PEG1000 含量制得样品的氮气吸附-脱附等温曲线

表 4-9　不同硫转移剂的孔结构参数

硫转移剂样品	最概然孔径/nm	孔体积/（cm^3/g）	比表面积/（m^2/g）
Co-MO-5% PEG1000	4.6	0.17	123
Co-MO-15% PEG1000	10.0	0.27	93
Co-MO-20% PEG1000	13.1	0.31	87

4.4.3　硫转移剂的 SO_2-TPD 分析

为了清晰对比研究不同物种对 SO_2 的吸附-脱附性能，图 4-26 所示为在热处理过程中不同样品的 SO_2 的吸附-脱附曲线。由图 4-26 可知，不同的样品，其脱附的温度也不同，脱附温度越高，说明该物种对 SO_2 的氧化物性能越强，也说明该物种对 SO_2 具有很强的吸附性能。纯氧化镁物种脱附 SO_2 的温度为 379℃，而氧化铝出现两个脱附温度，分别是 287℃和 426℃，由于氧化镁脱附 SO_2 的温度较氧化铝脱附的高，这也验证并解释了硫酸镁较难被还原，而硫酸铝相对不稳定的原因。另外，样品 MO、Mn-MO 由于在制备过程中其内部的相互协调作用，其脱附温度均相对纯氧化物高[132,133]。

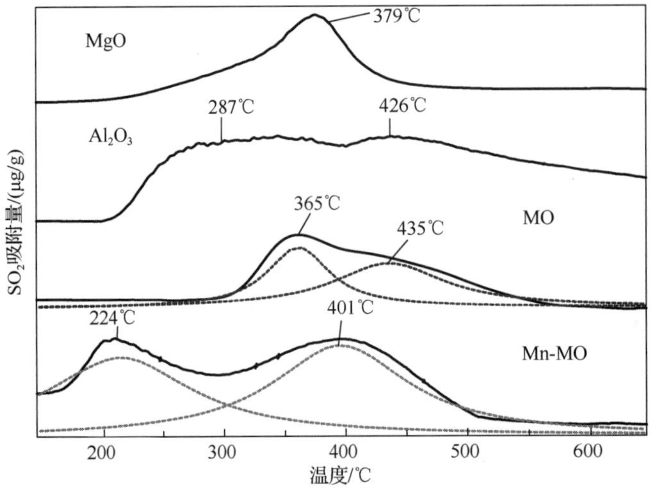

图 4-26　不同物种对 SO_2 的吸附-脱附曲线

4.4.4　硫转移剂的氢气-TPR 分析

不同含硫物种的氢气-TPR 谱图如图 4-27 所示。对于纯硫酸锰、硫酸铝、硫酸镁还原峰温度分别为 695℃、675℃、816℃处，Kim 等[42]认为，氢气或低碳烃类是硫酸盐还原分解反应活性介质。反应过程中，氢气进攻 S—O—M 键并捕获一个氧原子，金属原子与硫原子间的化学键发生断裂形成氧空位及还原态的金属物种，MO—SO_2 化学键被不稳定硫原子周围的电子重排削弱，氢气与中间反应物种进一步相互作用形成硫化氢。失活后的 Mn-MO 出现的还原双峰温度分别在 675℃、718℃处，比纯硫酸盐的还原温度低[102]。这是因为其中锰、镁相互作用的缘故，该样品在相对高温的还原峰面积也最小，但还原温度降低，这是由于锰的存在，其分散度高，并发生协同作用，从而改变了还原温度。

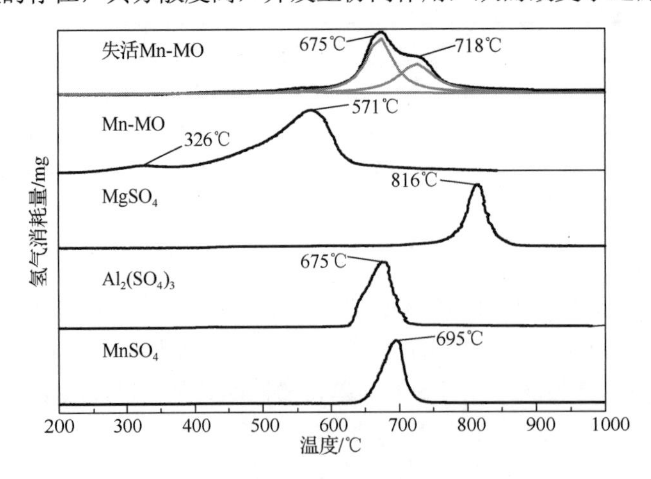

图 4-27　不同含硫物种的氢气-TPR 谱图

4.5　不同干燥方法对硫转移剂性能的影响

4.5.1　电热鼓风干燥

图4-28所示为电热鼓风干燥前驱体制得的硫转移剂ED-S的氮气吸附-脱附等温曲线及孔径分布曲线。由图4-28可知，ED-S为典型的介孔材料，并具有H2型滞后环，说明ED-S可能具有墨水瓶形的介孔结构。其吸附支在相对压力为0.7～0.95处有一个较为陡峭的吸附台阶，脱附支在相对压力为0.8左右有一个非常陡峭的脱附台阶。根据吸附理论，对于墨水瓶形的介孔结构，吸附支和脱附支分别计算的孔径应该对应于墨水瓶的瓶肚和瓶口。所以，从吸附等温曲线可以看出，ED-S样品的瓶肚和瓶口尺寸均具有较为狭窄的孔径分布。同时，ED-S的脱附台阶出现在相对压力为0.8处，其孔径分布曲线表明ED-S的孔径分布集中在10nm，并且还有小于5nm的孔径分布，在20～50nm有一个很平坦的分布峰。根据粉末团聚毛细管吸附理论，电热干燥是湿物料溶剂从液态到气态蒸发除去的过程，在颗粒之间形成液桥，巨大的气-液界面表面张力使两粒子相互接近，干燥时两者之间的粒子空穴结构由于液桥消失而被破坏。

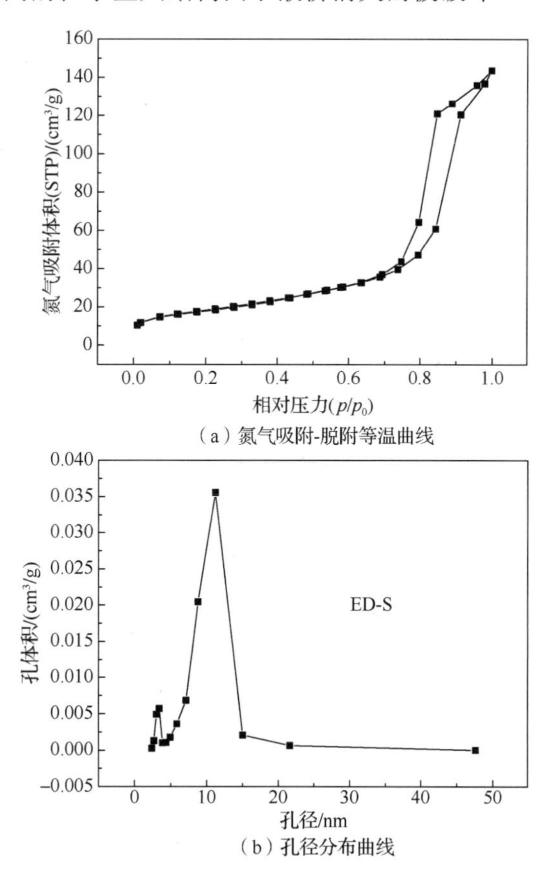

（a）氮气吸附-脱附等温曲线

（b）孔径分布曲线

图4-28　电热鼓风干燥前驱体制得的硫转移剂ED-S的氮气吸附-脱附等温曲线及孔径分布曲线

由图 4-29 可以看出，电热鼓风干燥前驱体制得的硫转移剂失活时间在 100min 左右，比传统的硫转移剂效果好。对比以上可以得出如下结论：除了孔径大小影响反应气体的扩散过程外，硫转移剂比表面积的大小也是影响脱硫性能非常重要的因素。在满足气体扩散的前提下，适当改善孔结构，增加反应的表面积，将会提高脱硫反应速率。

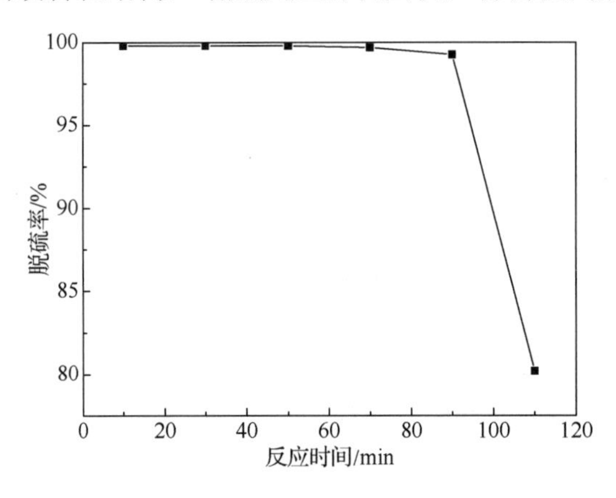

图 4-29　电热鼓风干燥前驱体制得的硫转移剂对脱硫性能的影响曲线

为研究硫转移剂在氧化吸附 SO_2 的变化情况，对该硫转移剂样品进行了 XRD 物相结构的分析，其结果如图 4-30 所示。对于图 4-30（a）新鲜样品而言，有尖晶石、$MgMn_{1.75}Al_{0.25}O_4$ 及游离态的四氧化三锰特征衍射峰晶相，经氧化吸附 SO_2 后，图 4-30（b）中 2θ 位于 25° 左右处出现了硫酸镁的特征衍射峰，但硫酸镁特征衍射峰的峰强度相差不大，还有尖晶石及游离的四氧化三锰衍射峰晶相。如前分析，在整个氧化反应过程中，二价锰离子在高温焙烧时被氧化成三价锰离子，三价锰离子作为氧化 SO_2 的活性中心，说明硫转移剂的氧化活性成分没有得到完全利用。从以上分析可知，该方法制得的硫转移剂，虽然吸附 SO_2 的能力比传统的硫转移剂的效果好（应该是活性成分增多），但因为氧化活性位不能与 SO_2 充分相互作用，硫转移剂中碱性活性位难以得到完全利用。

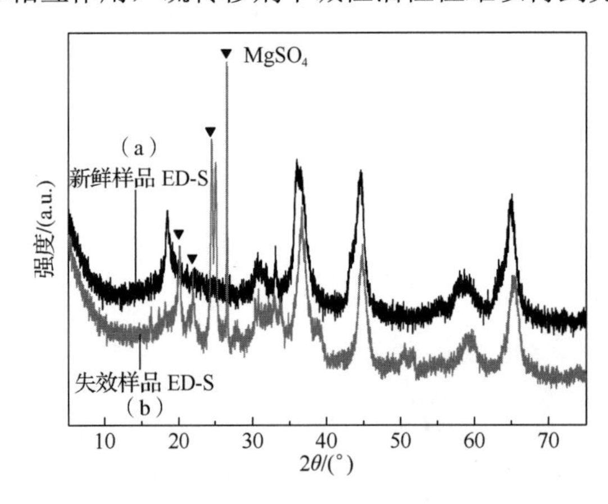

图 4-30　电热鼓风干燥前驱体制得的硫转移剂使用前后 XRD 谱图

金属氧化物的红外吸收信号主要分布在中红外区和远红外区，并且主要集中于 1 150～

500cm^{-1}。图 4-31 所示为电热鼓风干燥前驱体制得的硫转移剂使用前后 FTIR 谱图。经热处理后，高频区的羟基伸缩振动尖峰消失，表明金属氢氧化物已经完全分解为金属氧化物，但谱图中 3 480cm^{-1} 和 1 653cm^{-1} 出现吸收峰应为层间或表面存在水的羟基伸缩振动引起的；其次在 682cm^{-1}、513cm^{-1} 附近出现的峰代表复合金属氧化物中部分金属与氧形成 Mn—O 的伸缩振动特征峰[135]，其可利用金属形成的—O—M—O—桥键与其他金属通过化学键形成网络结构。为确定 SO_2 在吸附脱硫后的变化，测定了样品失活后的 FTIR 谱图，如图 4-31（b）所示。吸附后的样品在 1 094cm^{-1}、1 010cm^{-1} 附近均出现 S═O 双键和 O—S—O 单键的伸缩振动吸收峰，这表明该系列样品应该存在由 SO_2 产生的强烈吸附和反应的活性位。

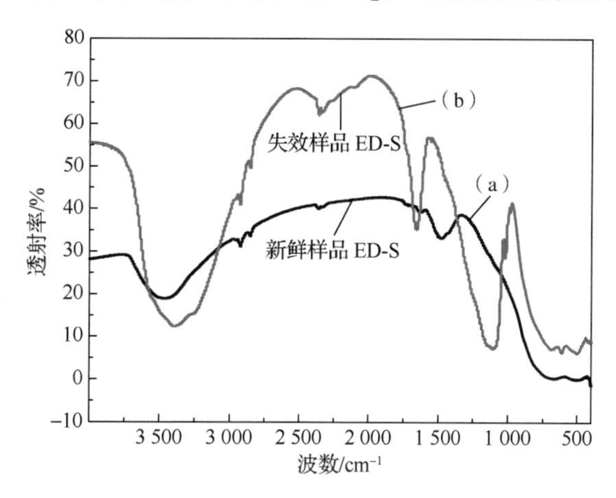

图 4-31　电热鼓风干燥前驱体制得的硫转移剂使用前后 FTIR 谱图

4.5.2　真空冷冻干燥

在真空冷冻干燥过程中，首先需要降温，使湿物料的温度降至-40℃。采用预冻的方法，预先将冷阱温度降至预冻温度，再将样品放入冷阱中快速降温，该种方法样品降至-40℃需要 20min，降温速率为 2.0℃/min。为了探究真空冷冻干燥是否能起到改变样品孔结构及吸附脱硫的性能，图 4-32 所示为真空冷冻干燥前驱体制得硫转移剂（VD-1～VD-6）的氮气吸附-脱附等温曲线及孔径分布曲线。由吸脱-脱附等温曲线图 4-32（a）可知，焙烧温度在 700℃以下，吸脱-脱附等温曲线的类型是Ⅳ型，当焙烧温度在 800℃时，吸脱-脱附等温曲线有向III型变化的趋势，这说明孔径有变大的趋势，但仍为典型的介孔结构，滞后环类型类似于 H2 型。随着焙烧温度的升高，其吸附台阶出现在较高的吸附分压下，说明此时样品具有较大的介孔尺寸，并且孔径分布有变宽的趋势。其孔径分布曲线进一步证实了样品的孔径分布变宽。值得注意的是，随着温度的升高，样品的氮气吸附量是先增加后减小的，说明在高温（800℃）下孔结构发生了变化。在该温度下，孔结构的热稳定性不如反相微乳液法制备的样品，原因是在微乳液制备的样品中分散存在着有机相，其可以支撑样品的骨架结构，即使在 800℃下焙烧也不至于结构坍塌，而真空冷冻制备的样品就没有可支撑骨架结构的物质，以至于其结构在 800℃下孔结构的变化很大。表 4-10 中的数据也进一步说明，随着温度的升高，比表面积先增大后减小，800℃时比表面积下降最大。

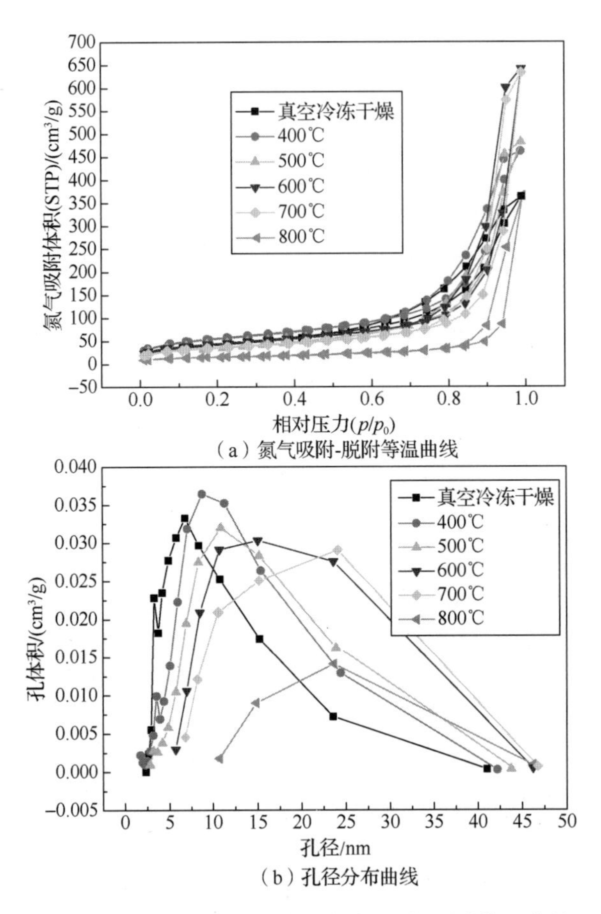

（a）氮气吸附-脱附等温曲线

（b）孔径分布曲线

图 4-32　真空冷冻干燥前驱体制得硫转移剂的氮气吸附-脱附等温曲线及孔径分布曲线

表 4-10　真空冷冻干燥前驱体制得硫转移剂的结构特征

硫转移剂样品	比表面积/（m^2/g）	孔体积/（cm^3/g）	最概然孔径/nm
VD-1	159.63	0.56	10.28
VD-2	199.77	0.72	14.40
VD-3	157.37	0.75	14.65
VD-4	157.13	0.99	17.92
VD-5	129.76	0.98	19.82
VD-6	55.47	0.57	26.02

图 4-33 所示为真空冷冻干燥前驱体制得硫转移剂的 XRD 谱图，VD-1 出现类水滑石的结构晶相，当焙烧温度为 400℃时，VD-2 出现四氧化三锰的晶相，但峰型不是很明显；当焙烧温度为 600℃时，出现较明显的四氧化三锰衍射特征峰；当焙烧温度为 700℃时，出现了 $MgMn_{1.75}Al_{0.25}O_4$ 尖晶石的结构晶相；当焙烧温度为 800℃时，其他晶相消失，出现尖晶石和氧化镁的晶相，这说明锰在该体系中随着温度的升高，相态也发生改变。

从图 4-34 样品在不同温度下的 SEM 照片可见，样品表面都是无定形的，有小于 100nm 的针状结构，晶粒间有不规则的小孔。所不同的是，样品 VD-5 在 700℃焙烧后针状结构更加清晰，晶粒间孔也变大，具有少量烧结团聚的现象。

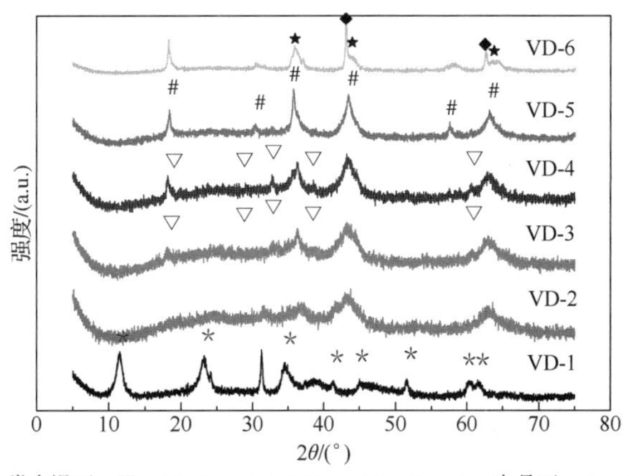

*—类水滑石；▽—Mn_3O_4；#—$MgMn_{1.75}Al_{0.25}O_4$；★—尖晶石；◆—MgO

图 4-33　真空冷冻干燥前驱体制得硫转移剂的 XRD 谱图

(a) VD-1

3.00μm

(b) VD-5

图 4-34　不同温度下制备硫转移剂的 SEM 照片

注：VD-1 是真空干燥前驱体；VD-5 是 700℃焙烧后样品。

有文献报道，硫转移剂发挥作用的主要部分在样品的表面，内部的活性成分并不能充分得到利用，所以我们从另外一个角度出发，改变样品的孔结构，增加其比表面积，从而加快了 SO_2 与样品表面的传输速度，充分利用了其内部活性位，从而提高了其脱硫能力。

图 4-35 所示为真空冷冻干燥前驱体在不同焙烧温度下制得硫转移剂对脱硫性能的影响。从数据可以看出，随着焙烧温度的升高，样品 VD-2～VD-6 脱硫率出现拐点的时间基本都在 210min 处，但焙烧温度较高的 VD-5，脱硫效果更好些。联系以上的结构分析可知，在真空冷冻干燥后的样品，经过不同温度的焙烧后影响了样品的内部结构，更重要的是改变了脱硫的性能。作为对比，将样品在 1 050℃焙烧后记为 VD-7，从图 4-35 中明显可知，脱硫性能大大降低，说明 1050℃的高温将样品的骨架结构完全破坏，使其脱硫性能明显降低。

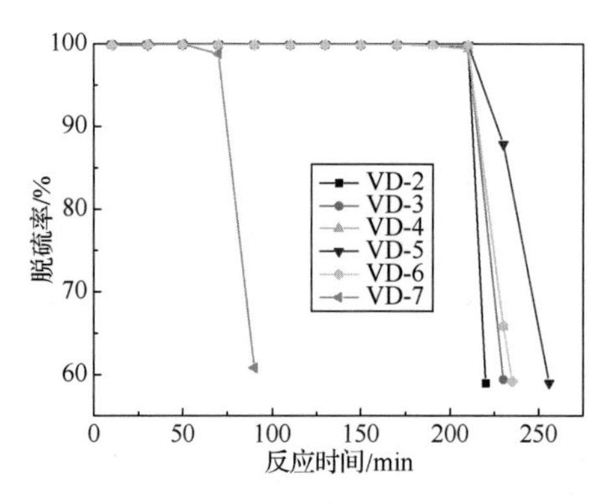

图 4-35　真空冷冻干燥前驱体在不同焙烧温度下制得硫转移剂对脱硫性能的影响

在前期的研究中发现，要增加硫转移剂的脱硫能力，不仅要考虑经济高效的氧化活性成分对脱硫性能的影响，还要考虑硫转移剂的制备方法、制备条件及比表面积的大小等影响脱硫性能非常重要的因素。在满足气体扩散的前提下，通过筛选高效经济的氧化活性成分、改进制备方法、完善制备条件和增加反应表面积，均有利于提高脱硫的反应速率。本章通过改进制备方法、制备条件及添加表面活性剂的方法，增大了硫转移剂的比表面积，促进了 SO_2 和表面活性位的接触，充分利用活性位，提高了硫转移剂的氧化脱硫性能和还原再生性能，降低了硫转移剂在催化裂化装置中的用量，减少了因其碱性引起的对主催化剂的破坏作用，并得到如下结论。

1）随着微乳液中表面活性剂含量的不断增加，比表面积出现先增大后减小的趋势，而脱硫效果基本也是先增大后减小。当表面活性剂∶助表面活性剂∶油相体积比为 2∶1∶1 时，制备硫转移剂的 SO_2 脱除率最高，说明微乳液中有机相的含量在一定程度上改善了样品的比表面积，影响了样品的脱硫性能。该方法制备的硫转移剂失活后可还原再生，再生温度在 500℃左右，不同有机相含量的硫转移剂失活后的还原温度也相差不大。随着有机相含量的增加，硫转移剂的最大还原再生速率总体呈减小趋势；但达到最大还原速率的温度都在 500℃左右，还原温度相对稳定；起止失重温度变化不大。

2）当加入不同表面活性剂时，随着样品比表面积的增加，脱硫效果越来越好，其中加入 PEG1000 催化活性最好，加入柠檬酸效果较差。随着 PEG1000 用量的增加，比孔体积不断增加，而硫转移剂的脱硫效果先增加后降低，其中加入 10%的 PEG1000 时，比孔体积为 0.47mL/g，脱硫效果最好，表明合适的比孔体积是影响脱硫效果的重要因素。

3）纯硫酸锰、硫酸铝、硫酸镁还原峰温度分别出现在 695℃、675℃、816℃处，而失活后的 Mn/MO 出现了还原双峰温度，分别在 675℃、718℃处，比纯硫酸盐的还原温度低。

4）真空冷冻干燥的样品随着焙烧温度的升高，脱硫率出现拐点的时间基本都在 210min。当焙烧温度为 700℃时，脱硫效果较好。

第5章 脉冲法对硫转移剂还原反应机理的探索

硫转移剂是以助剂的形式加入催化裂化装置中，随着主催化剂一起在反应-再生系统中循环，结焦催化剂在再生器中再生时形成含有 SO_2 的烟气，硫转移剂将 SO_2 氧化并吸附在其表面，形成硫酸盐；当催化剂循环到反应器中，硫酸盐被还原，随干气进入硫磺回收系统，从而减少烟气中 SO_2 的含量。

由于中型试验评价周期长、成本高，所以初步研究利用微型反应或小规模的固定床评价，重要的是硫转移剂中硫酸盐物种的表面反应与还原产物的关系还不太清楚，由于在还原过程中，脉冲微型反应可以用较少的催化剂和时间，对特定的催化剂的性能评价具有巨大的优势[93,94,136-139]，另外含铈硫转移剂已经有工业应用的研究报道[8]，所以还需对其还原机理进行研究，即在组合式脉冲还原反应装置上进行硫转移剂的脉冲还原反应，原位检测还原产物，对比分析不同还原性气体与还原产物之间的关系[140]。其中，装置主要包括气路控制部分、反应器和质谱在线分析系统。

5.1 喷雾干燥工艺制备的硫转移剂

5.1.1 硫转移剂的制备

由喷雾干燥成型工艺制备工业硫转移剂，包括制浆和喷雾干燥成型生产工艺。其是将拟薄水铝石、硝酸铈、硝酸铁、氧化镁配制的浆液，输送到喷雾干燥器内的喷头进行雾化（高温热空气中的液体水滴瞬时蒸发），形成微球催化剂，经旋风分离，固体下沉至喷雾干燥塔的底部，并持续流出，再将得到的固体硫转移剂 700℃焙烧，称取样品后利用固定床微型反应器将样品通入 SO_2 吸附失活，这种方法制得的新鲜硫转移剂命名为 INP-1。

5.1.2 硫转移剂的物化性能

由图 5-1 可知，采用氮气吸附-脱附测得的 INP-1 孔体积为 $0.36cm^3/g$、比表面积为 $87.9m^2/g$，与其他样品不同的是，INP-1 在相对压力为 0.4～1.0 处出现了两级吸附台阶，在相对压力为 0.4～0.6 的吸附台阶应该属于氮气分子在孔径为 4.7nm 的介孔中所发生的毛细凝聚现象。相对压力为 0.6～1.0 的吸附台阶则是由于颗粒和骨架之间较大的介孔造成的[116]。其孔径分布曲线表明 INP-1 的孔径分布集中在 4.7nm，而在 10～70nm 有下降的分布峰，可见具有部分大孔结构。

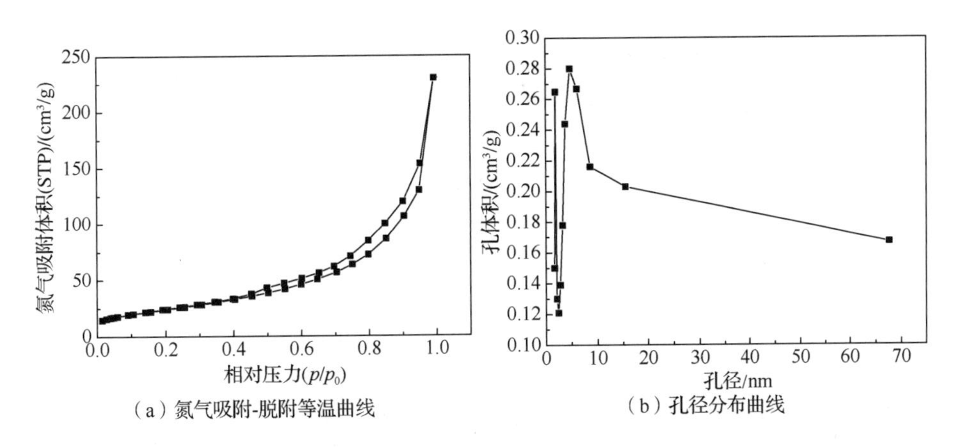

（a）氮气吸附-脱附等温曲线　（b）孔径分布曲线

图 5-1　喷雾成型所得硫转移剂 INP-1 的氮气吸附-脱附等温曲线及孔径分布曲线

由图 5-2 可以看出，INP-1 含有水滑石的结构特征峰（2θ 位于 11.2°、22.8°、38.6°、45.5°、46.5°、59.9°处）[19]及氧化铈的特征峰（2θ 位于 28.5°、33.1°、47.5°、56.3°处）。这说明，氧化铈独立于水滑石以游离状态存在；水滑石的特征峰强度受二氧化铈的抑制有所减弱。引入的三价铁离子金属，水滑石相中并没有出现金属铁氧化物的衍射峰，谱图仍具有水滑石的典型特征峰：一方面，说明三价铁离子可以与镁离子、铝离子形成稳定的镁-铝-铁类水滑石；另一方面，说明三价铁离子在该体系中分散程度较高[141]。

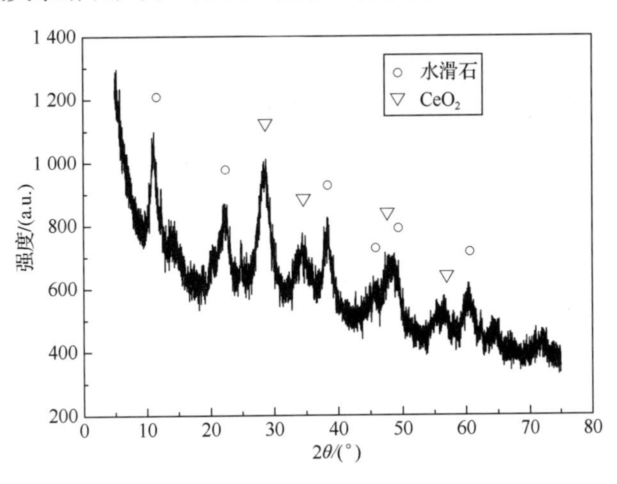

图 5-2　喷雾成型所得硫转移剂 INP-1 的 XRD 谱图

图 5-3 所示为样品 IPN-1 的 SEM 图。从图 5-3 可以看出，700℃焙烧后原料之间已经发生了固相反应，生成了许多新的晶体，样品基本以粉末颗粒形式存在，但晶体轮廓不均匀、大小不一，局部出现少量烧结，从而发生团聚现象。程文萍[7]采用共沉淀法合成的类水滑石 SEM 图像显示，其颗粒规整，大小分布均匀。经 700℃高温焙烧 6h 后得到的复合氧化物，颗粒的形貌大小基本没有发生明显的变化，只是局部由于烧结而团聚在一起，引入氧化铈以后，粒子也为薄片状，只是外形稍大。

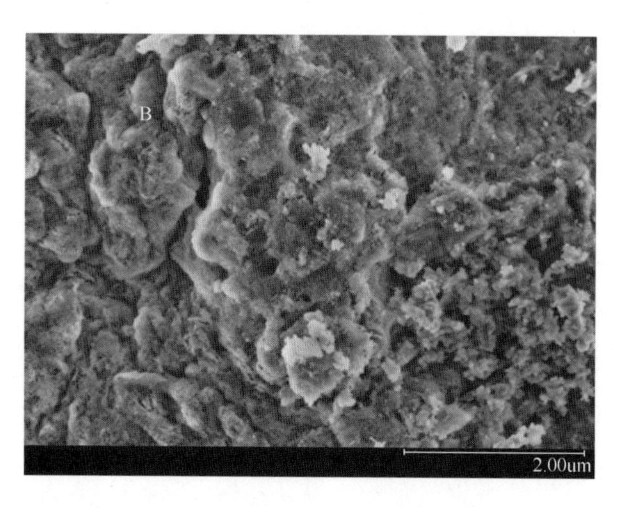

图 5-3　样品 IPN-1 的 SEM 图

5.1.3　硫转移剂的 SO_2-TPD 分析

图 5-4 所示为喷雾成型工业新鲜硫转移剂在热处理过程中的 SO_2 吸附-脱附情况。在 198℃左右出现微弱的 SO_2 脱附峰，源自于硫酸盐物种中少量的硫酸铈的受热分解释放[142]。在 310～498℃也出现 SO_2 脱附峰，389℃时峰强度远远大于第一个脱附峰的释放量，这部分是由硫转移剂表面含硫物种的热分解或者是由体相迁移到表面的硫物种释放所得[143,144]的。有文献报道[142]，当温度为 215℃时，出现的脱附峰属于硫酸盐物种热分解；当温度为 370～465℃出现的脱附峰是由于表面 $S_2O_7^{2-}$ 及分散的 $Ce(SO_4)(SO_3)_{2-x}(x<2)$ 热分解得到，这些数据基本与本节研究的结果一致。

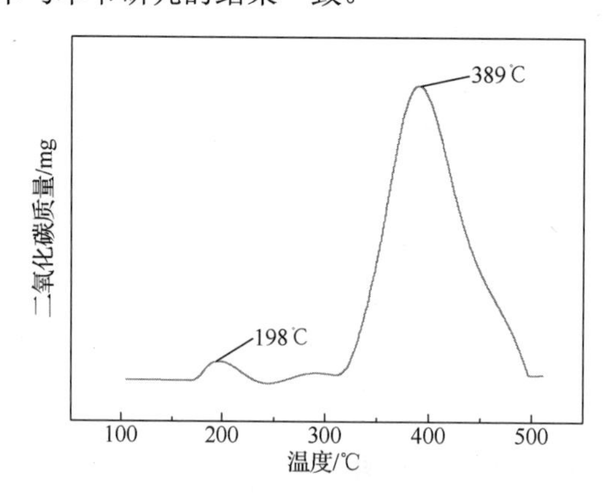

图 5-4　喷雾成型工业新鲜硫转移剂的 SO_2 吸附-脱附情况图

图 5-5 所示为失活后硫转移剂的 XRD 谱图，从图中可见，与新鲜硫转移剂相比，水滑石物相消失，出现硫酸镁物相，而新鲜硫转移剂存在的游离态氧化铈依然存在。另外，要注意的是，综合物相分析得出的硫物种与 SO_2-TPD 试验结果，SO_2 在该体系中氧化又分离的过程是经过如下变化：

$$CeO_2 + SO_2 \longrightarrow SO_3 + Ce_2O_3 \quad (5\text{-}1)$$

$$SO_3 + Ce_2O_3 \longrightarrow Ce_2(SO_4)_3 \quad (5\text{-}2)$$

$$Ce_2(SO_4)_3 \longrightarrow SO_3 + Ce_2O_3 \quad (5\text{-}3)$$

$$Ce_2O_3 + O_2 \longrightarrow CeO_2 \quad (5\text{-}4)$$

由此可以看出，铈的作用不仅是促进 SO_2 氧化为 SO_3，并有少量铈转换成硫酸盐物种，其中物相中没有硫酸铈是因为硫酸铈分解温度低，在形成后能很快在高温下分解，从而也进一步完善了 Bhattacharyya 等[13,73,81]提出的两步氧化机理。

$$CeO_2 + SO_2 \longrightarrow SO_3 + Ce_2O_3 \quad (5\text{-}5)$$

$$Ce_2O_3 + O_2 \longrightarrow CeO_2 \quad (5\text{-}6)$$

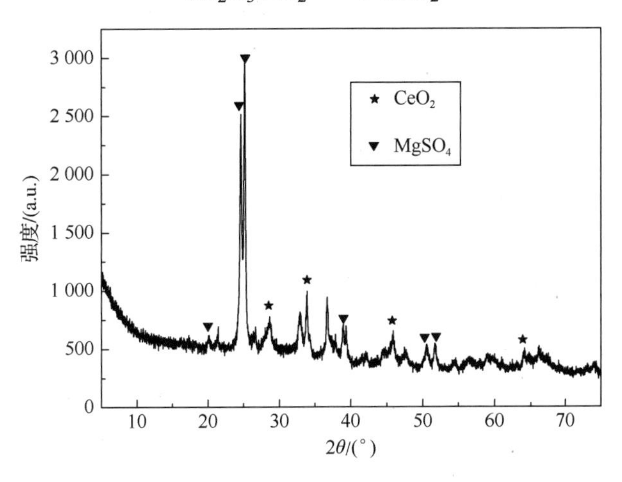

图 5-5　失活后硫转移剂的 XRD 谱图

5.2　脉冲法还原机理的探索

5.2.1　脉冲试验装置

脉冲式固定床反应器-质谱联用装置是研究极短停留时间的试验方法，能减少误差，从而获得初始产物等相关信息。图 5-6 所示为以上装置的示意图，该装置主要由微型固定床反应器和离子阱质谱仪组成。在试验中，通过六通阀实现脉冲进料，反应前，使定量管充满还原气体，氮气吹扫催化剂床层，以除去催化剂表面吸附的水分并升温；反应时，通过切换六通阀，氮气推动定量管中的原料进入反应器，与催化剂接触完成反应，反应产物随氮气进入质谱仪。如此反复，实现连续脉冲反应。脉冲反应的试验条件如下：失活硫转移剂的用量为 20mg，常压固定床反应器内径为 3mm，定量管为 1.5mL。采用瑞士安维应用真空实业公司生产的型号为 GAS-100Q 的快速分析质谱仪对还原产物进行在线检测分析。其中，H_2 (m/z=2), H_2S (m/z=32、33、34), SO_2 (m/z=48、64)。

中试评价周期长、成本较高，所以初步研究利用微型反应或小规模的固定床评价，而脉冲微型反应可以用较少的催化剂和时间，对特定催化剂性能评价具有巨大的优势[93,94]。目前关于研究失活硫转移剂中硫酸盐的还原产物，与起重要作用的表面结构的关系还不太清楚，为此，我们在离子阱质谱检测装置上，进行硫转移剂的脉冲还原反应，原位检测还原产物，并对比分析了不同还原性气体与还原产物之间的关系。

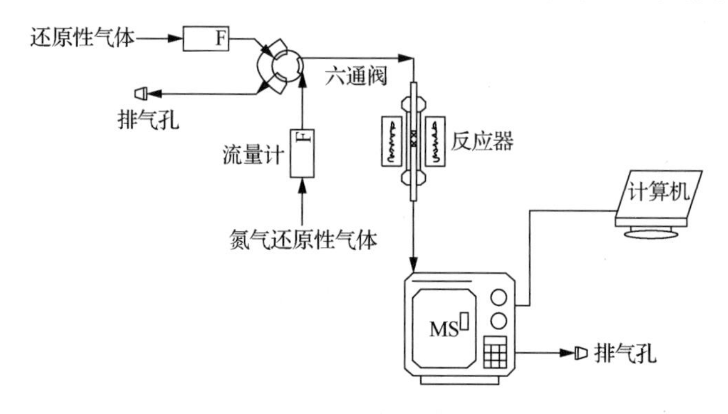

图 5-6　组合式脉冲微型反应评价系统

5.2.2　氢气脉冲试验

有文献报道[13,145,146]，根据催化裂化工艺条件，结合催化裂化催化剂所处的实际环境，硫转移助剂在再生器的氧化性气体中吸附 SO_x，并在提升管反应器和汽提段的还原性气体中，利用其中的低碳烷烃作为还原气氛将硫酸盐以硫化氢形式除去，再经克劳斯脱硫后回收硫磺。以硫化氢形式脱除是理论和现实中较为理想的一种脱除形式，也有文献报道称[29,147]，在还原的过程中是以 SO_2 形式除去，若仅从硫酸盐的还原产物来分析，SO_2 和硫化氢都有可能生成。

为了更准确地反映失活硫转移剂在被还原时的表面反应信息及更准确地检测出是何种还原产物，结合提升管反应器的实际环境，图 5-7 为在 500℃下进行的氢气脉冲还原试验图。从图 5-7 中可以看出，当第一个脉冲氢气信号出现时，氢气信号首先出现，而硫化氢和 SO_2 几乎同时出现，但稍慢于氢气；随着脉冲次数增加，SO_2 渐渐消失，但仍有微弱的硫化氢信号。这也验证了该方法制备的硫转移剂失活后在 500℃时是可以被还原的，与之前报道的还原温度相比，该方法提高了 30℃。Kim 和 Juskelis[42]称硫转移剂失活后硫酸盐的还原（$S^{6+}\rightarrow S^{2-}$）是一个连续的反应，也要经过四价硫离子作为一个中间体产物，该报道与所检测到的结果一致。所以考虑到 SO_2 的渐渐消失和只剩有硫化氢信号，推断出硫转移剂中硫酸盐分解的还原机理可包括以下反应式：

$$MSO_4+H_2 \longrightarrow MO+ SO_2+H_2O \tag{5-7}$$

$$MSO_4+H_2 \longrightarrow MO+H_2S+H_2O \tag{5-8}$$

而后续试验也可对该反应机理做进一步的验证。

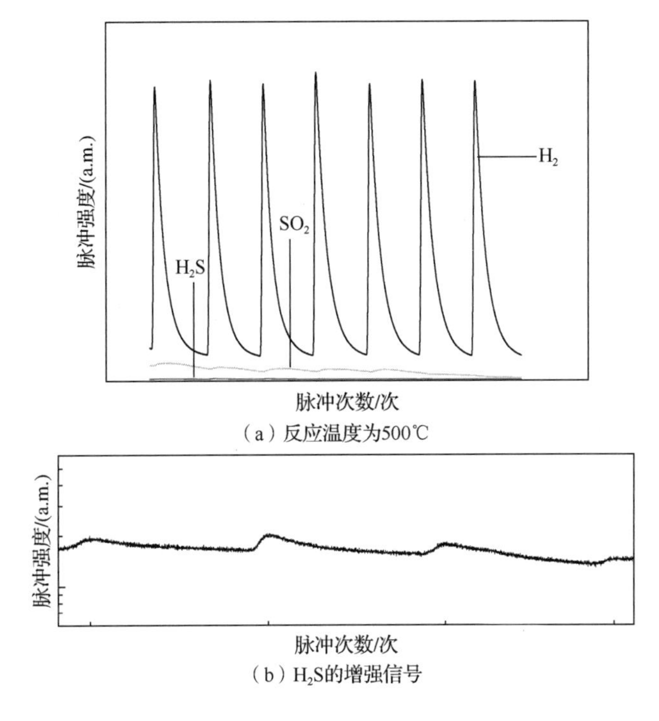

（a）反应温度为500℃

（b）H_2S的增强信号

图 5-7　在 500℃下进行的氢气脉冲试验

由于催化裂化装置采用的生产工艺及操作条件的不同，反应器中的反应温度也存在差异，对硫转移剂的还原再生产生较大的影响，还原再生速率与还原再生时间共同决定了硫转移剂的再生深度，还原产物也直接影响了后续的脱硫效果。图 5-8 为不同温度下进行的氢气脉冲试验。由图 5-8 可知，还原温度是影响该硫转移剂还原再生性能的重要因素，总体对比可以看出，氢气信号的出现，硫化氢和 SO_2 几乎是同时出现的，但稍慢于氢气；随着脉冲次数增加，SO_2 渐渐消失，但仍有硫化氢信号连续出现。当还原温度为 500℃时，尽管也出现了硫化氢信号，但是信号值并不强；当还原温度为 550℃时，硫化氢强信号出现在第 19 次脉冲上，并且随着脉冲次数的增加，硫化氢信号慢慢减弱；当还原温度为 600℃时，硫化氢强信号出现在第 5 次脉冲上，且硫化氢强信号值持续 17 个脉冲后才慢慢减弱；当还原温度为 650℃时，硫化氢没有出现强信号，只有初步反应的 SO_2 有强信号，但也渐渐消失；当还原温度为 700℃时，硫化氢和 SO_2 信号变化与 650℃时的反应基本一致。这些现象说明，首先，再次验证了硫化氢和 SO_2 都是还原产物，只是在反应过程中变化情况的不同；其次，喷雾成型制备的硫转移剂失活后可以被还原，还原温度可以低至 500℃，并且随着温度的升高，当还原温度为 550～600℃时，还原效果最佳，也就是说，随着温度的升高，还原再生速率明显增大；最后当还原温度为 650℃及以上时，硫化氢信号没出现强值，原因是高温条件下将还原出的硫化氢瞬间又氧化成 SO_2，导致了硫化氢信号较弱。

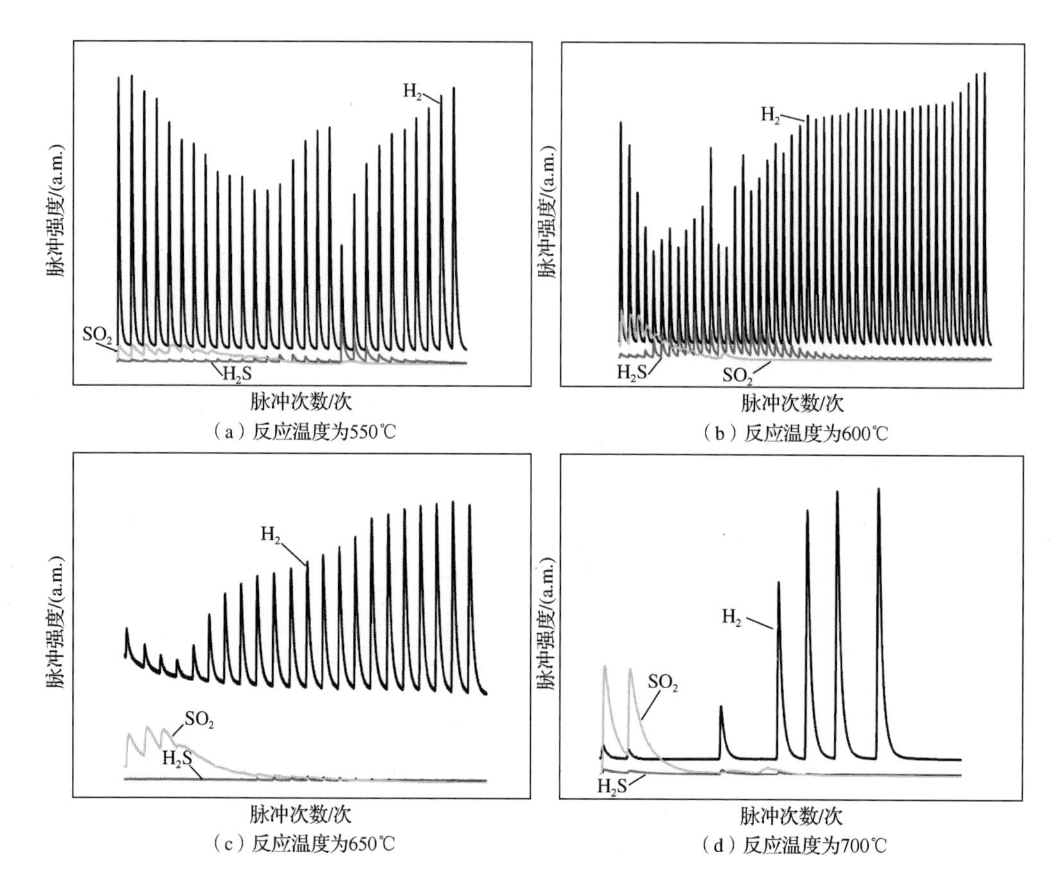

图 5-8　不同温度下进行的氢气脉冲试验

图 5-9 为 500℃时含锰硫转移剂的氢气脉冲试验，从图上可以看出，氢气脉冲出现时，SO_2 和微弱的硫化氢信号几乎是同时出现，与图 5-8 的试验结果基本一致。

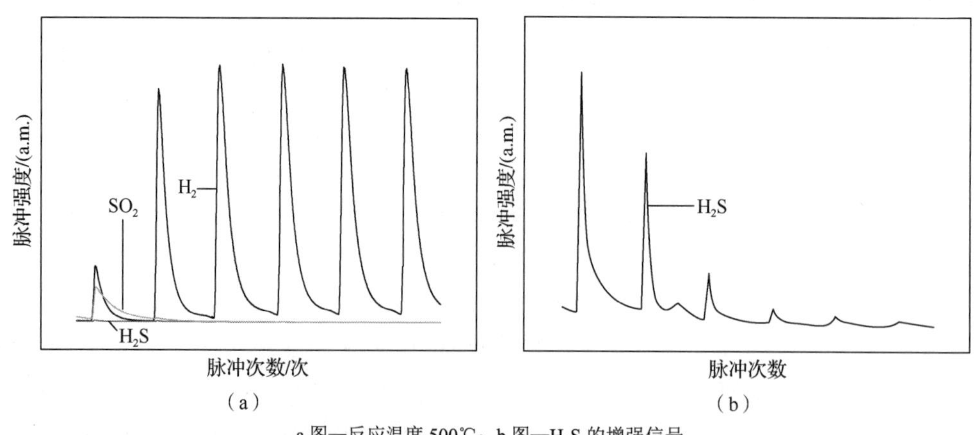

a 图—反应温度 500℃；b 图—H_2S 的增强信号

图 5-9　在 500℃时含锰硫转移剂的氢气脉冲试验

5.2.3　干气脉冲试验

考虑到提升管反应器中的还原环境及不同还原性气体对失活硫转移剂的还原情况，我们选择了与提升管反应器还原性气体相近的干气作为对比研究。催化裂化干气组成如表 5-1 所示。图 5-10 为 500℃时干气气氛下的脉冲还原试验。可以看出，干气也可以作为还原氛对失活硫转移剂进行还原，当脉冲氢气信号出现时，氢气信号首先出现，而硫化氢和 SO_2 几乎是同时出现；随着脉冲次数的增加，SO_2 渐渐消失，但仍有微弱的硫化氢信号，这一现象与前面的试验结果是一致的。但从各物质信号强度看，干气作为还原氛时，硫化氢和 SO_2 信号峰较弱。这也说明，还原能力受到还原性气体的影响，也进一步说明了硫转移剂失活后硫酸盐物种的还原（$S^{6+}\rightarrow S^{2-}$）是一个连续的反应，要经过四价硫离子作为一个中间体产物。

表 5-1　催化裂化干气组成

成分	甲烷	乙烷	乙烯	氮气	氢气	其他
组成（w_t）/%	13.93	16.74	14.55	39.24	8.02	7.52

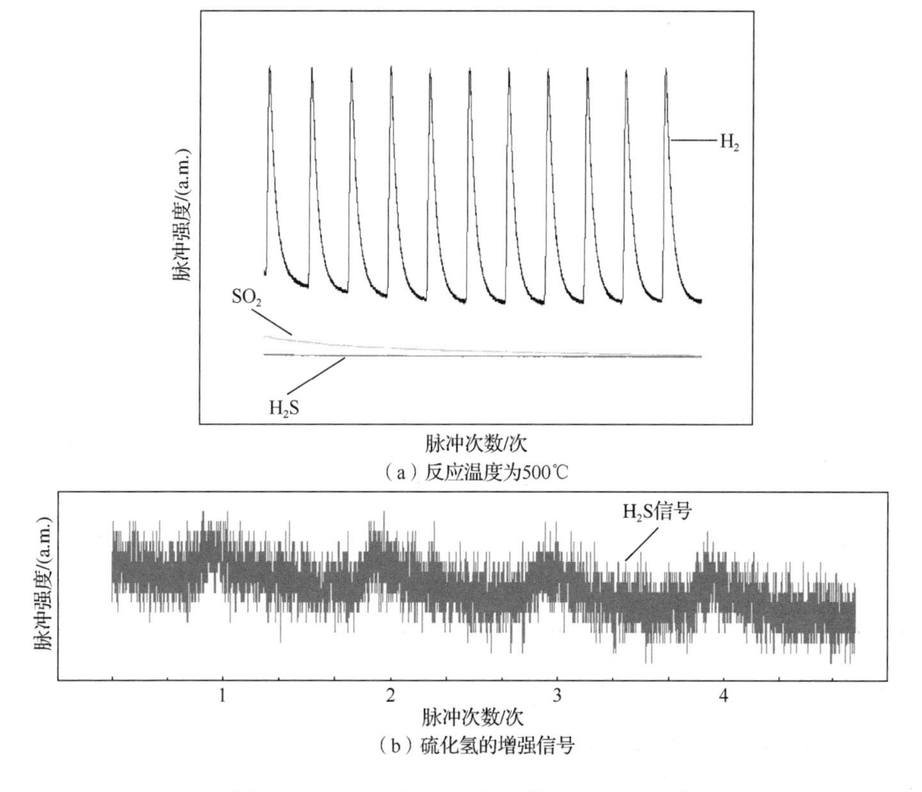

（a）反应温度为500℃

（b）硫化氢的增强信号

图 5-10　500℃时干气气氛下的脉冲还原试验

图 5-11 为不同温度下进行的干气脉冲试验，当反应温度为 500℃时，产生的 SO_2 和硫化氢信号强度较低；当反应温度为 550～600℃时，SO_2 信号先增强后减小，而硫化

氢信号是不断增强的；当反应温度为 650℃及以上时，变化最大的是硫化氢信号：其中，当反应温度为 600℃时，强信号变得很弱。这说明，在干气气氛下还原，硫化氢和 SO_2 都是还原产物，并且随着温度的升高，当反应温度为 550～600℃时还原效果最佳；当反应温度为 650℃及以上时，硫化氢信号没出现强值，原因是高温条件下还原得到的硫化氢迅速又被氧化成 SO_2，导致硫化氢信号较弱。

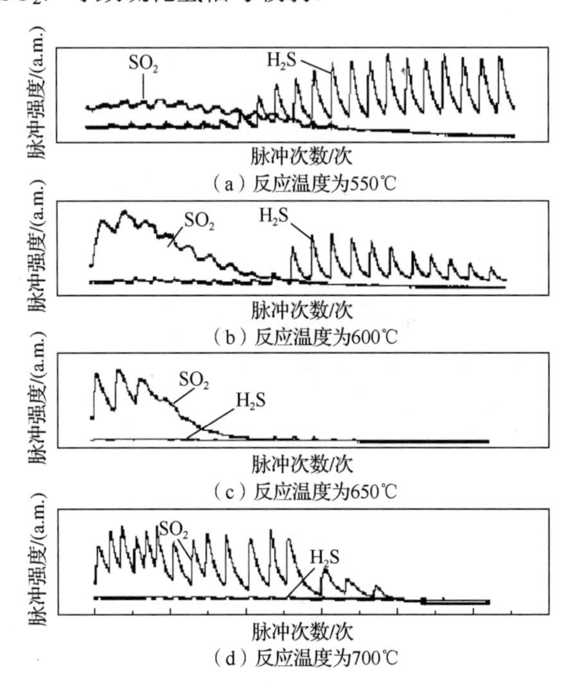

图 5-11　不同温度下进行的干气脉冲还原试验 SO_2 和硫化氢信号图

5.2.4　丙烷脉冲试验

前面试验中，我们选取了还原能力强的氢气及较接近提升管还原氛围的干气作为还原氛，分别考察了它们合适的还原温度及还原性能。为了更好地了解低碳烷烃的还原性能，我们又选取丙烷来进一步研究其还原过程中的性能。表 5-2 所示为丙烷的成分组成分析。

表 5-2　丙烷的成分组成分析

成分	丙烷	丙烯	乙烷
组成（w_t）/%	98.411	1.562	0.027

图 5-12 为 550℃时进行的丙烷脉冲试验，图 5-13 为不同温度下进行的脉冲试验的硫化氢增强信号。在 550℃时，尽管有硫化氢信号出现，但很微弱，而随着还原温度的升高，硫化氢的信号相对增强，说明丙烷需在较高温度时对该硫转移剂表现出一定的还原性能，但还原能力很弱。所以综合分析硫化氢和 SO_2 的信号强度及还原温度，试验选取的三种还原气的还原能力为：氢气>干气>丙烷。

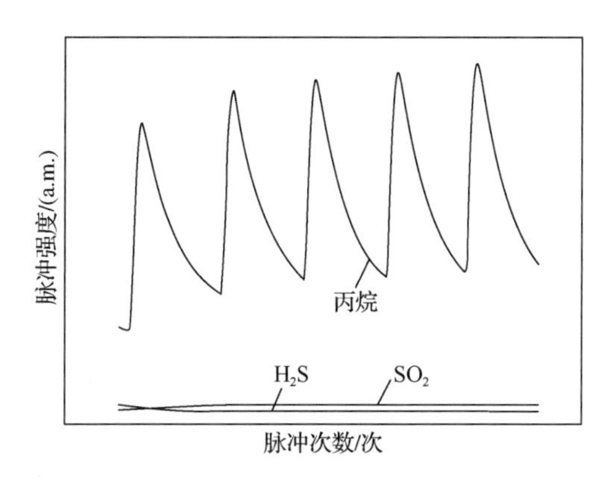

图 5-12　550℃时进行的丙烷脉冲试验

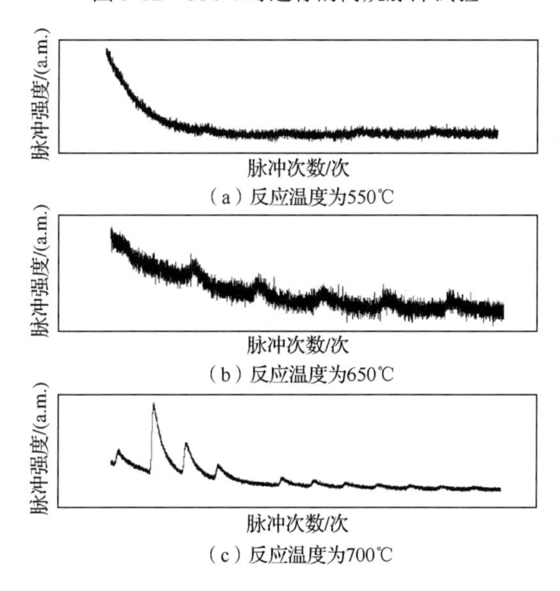

图 5-13　不同温度下进行的丙烷脉冲试验 H_2S 信号图

Polato 等[30]使用 TPR-MS 研究了在氢气和丙烷两种不同还原介质中对铈镁铝型硫转移剂的还原再生性能，得出了介质对硫酸盐物种的还原深度、还原速率及气相产物的分布有重要影响的结论。相比丙烷，氢气再生时，还原的起始分解温度较低，还原速率较大，在相同时间内，释放出含硫物种的量较多，且以硫化氢为主，这说明低碳烃类和氢气均可作为硫转移剂还原再生的活性介质，氢气对硫酸盐的还原分解能力要优于丙烷等低碳烃类，这与本次试验的结果一致。

虽然对于硫转移剂的还原再生，氢气和低碳烃类都是良好的还原介质，但再生介质在催化裂化提升管反应器中也是相当复杂的，氢气和低碳烃类的含量相对较低且分布具有很大差别，复杂的提升管再生环境也对硫转移剂的还原再生性能提出了更高的要求。

5.2.5　氢气-热重法还原性能探索

利用热重-差热分析仪考察了喷雾成型硫转移剂失活后的还原再生性能，结果如

图 5-14 和表 5-3 所示。从图 5-14 中可以看出，当温度在 375～575℃主要有两个大的失重区间，当温度为 448℃左右出现第一次失重峰，失重率为 12.1%，主要失重是硫转移剂表面的硫酸盐物种中硫、氧逐步被还原剂结合掉表现的失重过程；当温度为 496℃前后，又出现失重峰，表明随着还原温度的升高，出现的深度还原峰或者是体相硫酸盐迅速转移到表面后又出现的还原峰；当温度为 448～496℃时，发生的变化说明硫物种表面的还原很迅速。

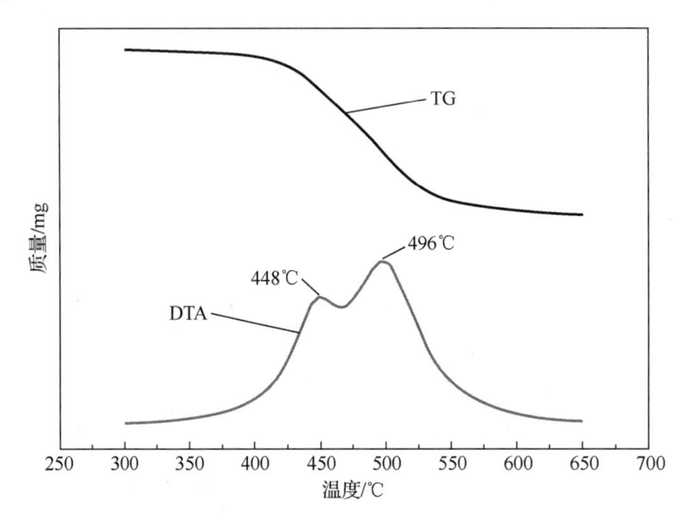

图 5-14　喷雾成型硫转移剂失活后的还原再生性能图

表 5-3　硫转移剂失活后还原再生性能分析结果

项目	失活 INP-1
起始失重温度/℃	390
终止失重温度/℃	560
第一失重率/%	12.1
第二失重率/%	25.2
总失重率/%	37.3
最大还原速率/%	0.69
达到最大还原速率时温度/℃	496

由以上可见，由于硫转移剂中硫酸盐的还原反应与还原产物的关系还不清楚。通过脉冲法，进行脉冲还原反应，研究表面反应与硫酸盐还原产物之间的关系，得出如下结论。

1）SO_2-TPD 试验，结合 XRD 结构分析，推断出在氧化吸附过程中进行的四步反应为 $CeO_2+SO_2 \longrightarrow SO_3+Ce_2O_3$，$SO_3+Ce_2O_3 \longrightarrow Ce_2(SO_4)_3$、$Ce(SO_4)(SO_3)_{2-x}$，$Ce_2(SO_4)_3 \longrightarrow SO_3+Ce_2O_3$，$Ce_2O_3+O_2 \longrightarrow CeO_2$。完善了 Bhattacharyya 等[13]提出的两步反应机理：$CeO_2+SO_2 \longrightarrow SO_3+Ce_2O_3$ 及 $Ce_2O_3+O_2 \longrightarrow CeO_2$。

2）在脉冲还原试验中，当第一个脉冲氢气信号出现时，硫化氢和 SO_2 几乎同时出现；随着脉冲次数的增加，SO_2 渐渐消失，但仍有微弱的硫化氢信号，说明硫酸盐的还原（$S^{6+} \rightarrow S^{2-}$）是一个连续反应，要经过中间产物四价硫离子。考虑到 SO_2 的渐渐消失且只剩有硫化氢信号，可以推导出关于硫转移剂中硫酸盐的还原分解机理，其包括以下反应式：

$$MSO_4 + H_2 \longrightarrow MO + SO_2 + H_2O$$

$$MSO_4 + H_2 \longrightarrow MO + H_2S + H_2O$$

3）综合分析硫化氢和 SO_2 的信号强度及还原温度，还原能力受到还原气的影响，试验选取的 3 种还原气的还原能力为：氢气>干气>丙烷。

第6章　硫氧化物在金属晶面的吸附模拟

随着吸附技术的快速发展和新型吸附剂的开发，吸附过程已成为一个重要的化工工艺，尤其是在气体净化、存储、分离等方面具有越来越广泛的应用[148-151]。关于气体吸附的研究也已经成为化学和化工领域内的一个研究热点[152]。其中，分子模拟就是通过理论方法与计算技术来模拟分子运动的微观行为的一种方法，目前在计算化学、材料科学、计算生物学等领域具有广泛的应用。蒙特卡罗模拟方法广泛用于吸附剂的吸附性能及吸附质分布的研究，其中巨正则蒙特卡罗（GCMC）和构型偏倚蒙特卡罗（configurational-bias canonical Monte Carlo，CBMC）方法已被用于各种几何形状孔结构中的吸附研究中，它们能够准确地预测吸附位、吸附密度及能量结构等[153-159]。

前几章在固定床微型反应的装置上，已经对硫转移剂的制备、反应条件的影响规律及还原性能做了比较系统的研究。在此基础上，本章采用巨正则蒙特卡罗方法建立相应的吸附模型，模拟 SO_2、SO_3 在硫转移活性位氧化镁、氧化铝晶面的吸附行为，计算分析气体硫氧化物在不同金属活性位的吸附位、吸附微观构型及能量结构等性质，以进一步研究气体硫氧化物的氧化吸附性能，并从理论角度解释硫氧化物在反应过程中的吸附行为，从而为更好地理解硫氧化物的氧化和分离过程，提供必要的基础数据。

6.1　晶体模型和计算方法

6.1.1　晶体模型

1. MgO(200)晶面

将 Materials Studio 软件包中氧化镁晶体使用 DMol-3 模块优化；在菜单栏 Build 下，用 Surfaces 进行 cleave surface 切割 MgO(200)晶面；在 symmetry 下进行超胞的构建；在 crystals 下构建真空层，厚度为 2nm，如图 6-1 和图 6-2 所示。

2. Al_2O_3(211)晶面

将 Materials Studio 软件包中氧化铝晶体使用 DMol-3 模块优化；在菜单栏 Build 下 Surfaces 进行 cleave surface 切割 Al_2O_3(211)晶面；然后其他操作同上，如图 6-3 和图 6-4 所示。

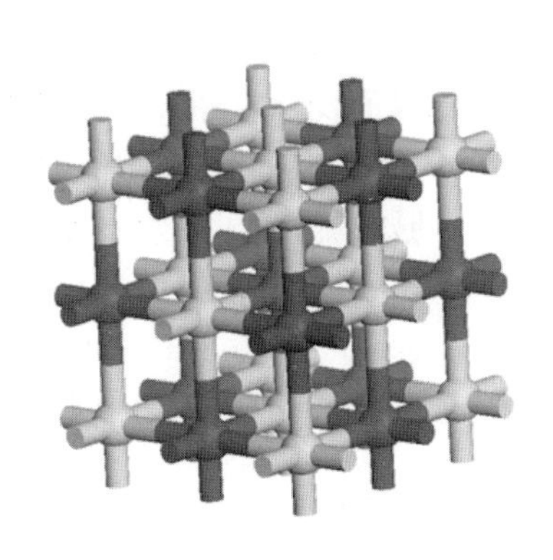

图 6-1　Materials Studio 软件包中氧化镁晶体

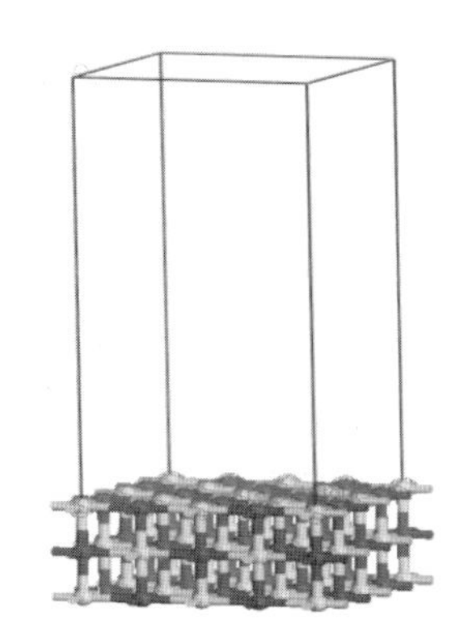

图 6-2　经过优化处理的 MgO(200)晶面

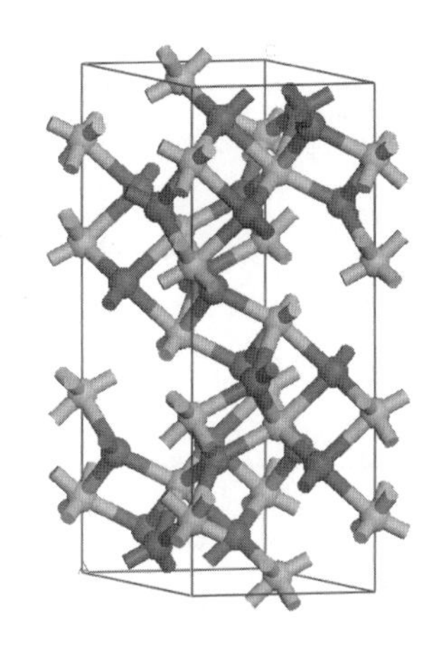

图 6-3　Materials Studio 软件包中氧化铝晶体

图 6-4　经过优化处理的 Al_2O_3(211)晶面

6.1.2　力场参数及计算方法

利用 Materials Studio 软件中的 Adsorption locator 模块来计算吸附性能，选取 2×2×2 的晶胞结构作为计算域。在模拟过程中，选择巨正则蒙特卡罗方法。静电和范德瓦耳斯势能分别采用 Ewald 加和方法和基于原子（Atom based）方法，其中截断距离设置成 1.85nm，同时 spline width 和 buffer width 的值采用默认值，分别为 0.1nm 和 0.5nm，力场选择 compass 力场。

6.2　单组分吸附质在金属晶面的吸附模拟

6.2.1　吸附位

本章计算了 700℃下，SO_2、SO_3 分别在 MgO(200)、Al_2O_3(211)晶面上的吸附位，结

果如图 6-5～图 6-8 所示。由图 6-5 可知，单分子 SO_2 与吸附晶面间距较短，说明 SO_2 在 MgO(200)晶面的吸附性能更强，而 SO_3 在 MgO(200)晶面及 SO_2、SO_3 分别在 Al_2O_3(211)晶面的吸附较弱。由此也可以推断，SO_2 在氧化镁中的吸附具有化学吸附且吸附量大于氧化铝，这也与试验中镁更易作为活性中心吸附 SO_2 形成硫酸盐的结果一致。SO_2 之所以能吸附在(200)晶面，是因为表面模型中四配位的镁能空出一个配位来接受来自 SO_2 的一个氧原子的孤对电子，最终将 SO_2 键接在表面。图 6-6～图 6-8 中，SO_2 分子不再平行于金属表面，而是在不同的构型中发生了不同程度的倾斜，且 SO_2 分子都有远离金属表面的趋势。

图 6-5　单组分 SO_2 在 MgO(200)晶面上的模拟吸附位

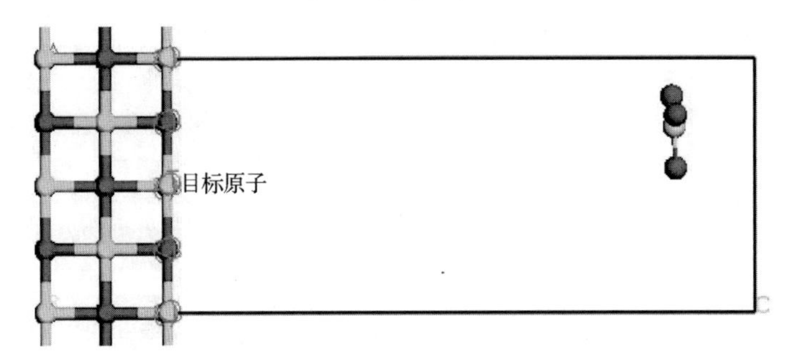

图 6-6　单组分 SO_3 在 MgO(200)晶面上的模拟吸附位

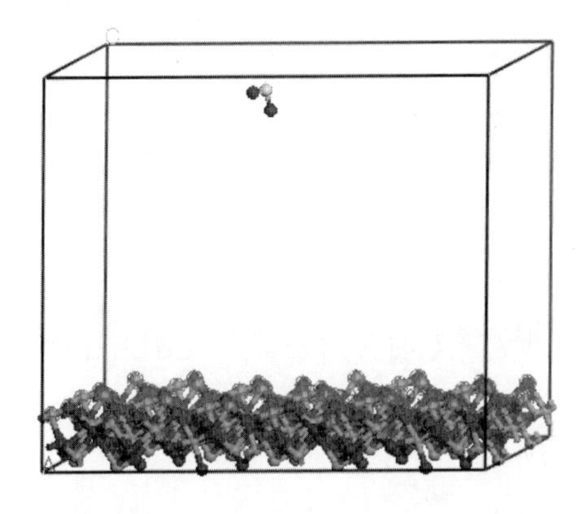

图 6-7　单组分 SO_2 在 Al_2O_3(211)晶面上的模拟吸附位

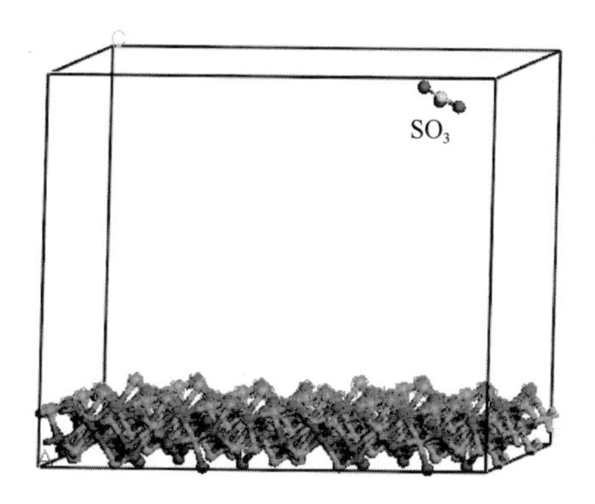

图 6-8　单组分 SO_3 在 $Al_2O_3(211)$晶面上的模拟吸附位

6.2.2　微观吸附构型

通过模拟计算得到在 700℃条件下，SO_2 和 SO_3 吸附于不同晶体表面的一些微观形态，具体结果如图 6-9～图 6-11 所示。从图 6-9～图 6-11 的对比可以看出：两者表现出不同的吸附行为，SO_2 主要吸附在镁原子晶面附近；SO_3 主要吸附在铝原子晶面附近，SO_3 分子比较集中。这是因为 SO_2 是 V 形弯曲式分子，形式电荷为零，被 5 个电子对包围着，从分子轨道理论观点看，这些价电子大部分是参与形成 S—O 键，形成具有共振结构的 SO_2，共振结构如下：

$$O{=}\overset{\oplus}{S}{-}O^{\ominus} \leftrightarrow O{=}S{=}O \leftrightarrow {}^{\ominus}O{-}\overset{\oplus}{S}{=}O$$

氧化镁是直线离子化合物结构（Mg ═══ O），与吸附质 SO_2 的空间位阻小，易靠近吸附；而氧化铝是六配位的原子晶体，共价键成键，其结构为

$$O{=}Al{-}O{-}Al{=}O$$

与吸附质 SO_2 的空间位阻较大，不易靠近吸附。另外，气态 SO_3 中，硫元素是 sp^2 杂化，在竖直方向上的 p 轨道中有一对电子，在形成的杂化轨道中有一对成对电子和 2 个成单电子，有 2 个氧原子分别与其形成 σ 键，2 个氧原子竖直方向上 p 轨道各有 1 个电子，1 个氧原子与杂化轨道的孤对电子形成配位键，其竖直方向上有 2 个电子，这样，在 4 个原子的竖直方向的电子共同形成一大 π 键，属于离域大 π 键，结构周围电子云密度大，更易接受六配位铝空出的一个配位来形成，即

O　　O　　　　　　　　　O
　S　　　　　　　　O═S═O
O　　O　⊕　　⊕　O
　　　　Al　　Al
　　　　 |　　 |
　　　　 O　　O
　　　　　　S
　　　　 O　　O

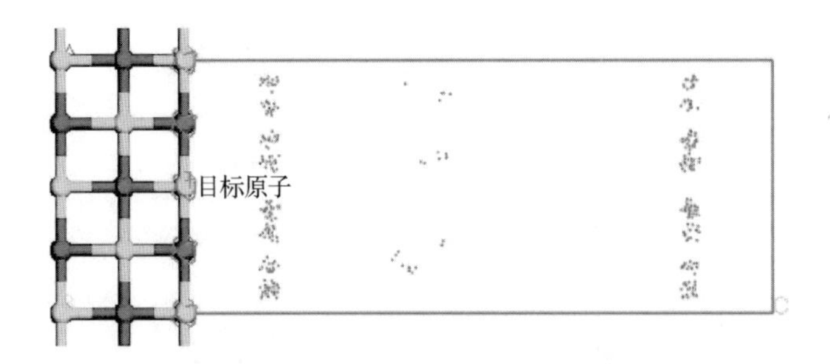

图 6-9　单组分 SO_2 在 MgO(200)晶面上的模拟微观构型

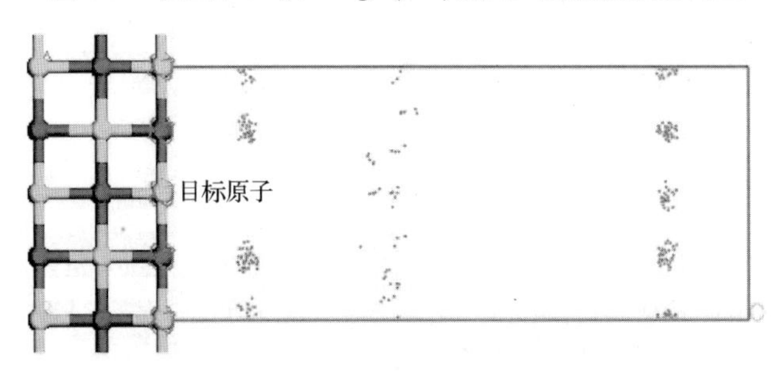

图 6-10　单组分 SO_3 在 MgO(200)晶面上的模拟微观构型

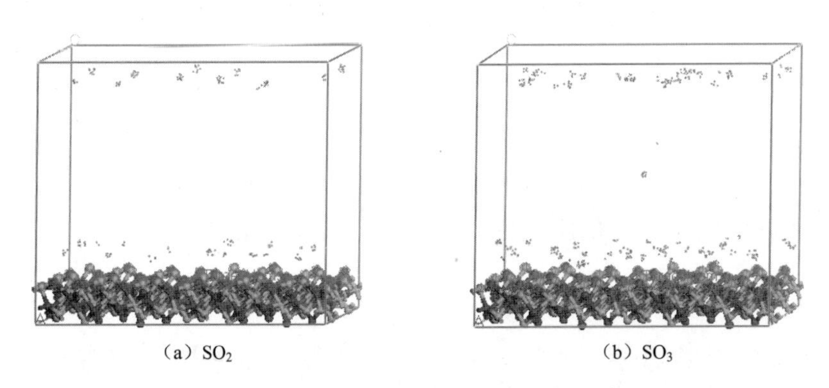

（a）SO_2　　（b）SO_3

图 6-11　单组分在 Al_2O_3(211)晶面上的模拟微观构型

6.2.3　吸附能

吸附能是指吸附前后各物质总能量的变化，其数值可以表示发生吸附的可能性与吸附的程度[160]。本节结合吸附模型，将吸附能定义为

$$\Delta E_{\mathrm{a}} = E_{表面(n\mathrm{SO}_x)} - E_{表面(\mathrm{ref})} - E_{\mathrm{SO}_x}$$

式中，$E_{表面(n\mathrm{SO}_x)}$ 为气态分子吸附金属表面时体系的总能量；$E_{表面(\mathrm{ref})}$ 为金属表面的能量；E_{SO_x} 为硫化物气态分子的能量。如果计算后 $\Delta E_{\mathrm{a}} < 0$，则表明发生吸附后体系能量下降，气体被吸附，吸附能绝对值越大，体系越稳定；反之，若 $\Delta E_{\mathrm{a}} > 0$，气体不能被吸附。

由表 6-1 数据可知，SO_2 在 MgO(200)表面可能的吸附态只有一种，也是最稳定的吸附位置，氧化镁晶体中 Mg—O 键长为 0.210 6nm，SO_2 中的 O 与 MgO(200)中的 Mg—O

间距为 0.272 3nm，已经接近成键的距离。表 6-2～表 6-4 表明，不同位置均有不同的吸附构型，可能的吸附态有多种，吸附能也有较大差别。尽管也具有较强吸附，但具有成键原子间距较大。

表 6-1　单组分 SO_2 在 MgO(200)晶面上的模拟吸附能

吸附位置	吸附能/eV	$d_{(Mg—S_2)}$/nm	$d_{(Mg—OS)}$/nm	$d_{(Mg—O_{晶体})}$/nm
MgO(200)	−9.666 588 76	0.294 2	0.272 3	0.210 6

表 6-2　单组分 SO_3 在 MgO(200)晶面上的模拟吸附能

吸附位置	吸附能/eV	$d_{(Mg—S_3)}$/nm
MgO(200)-1	−12.681 349 85	1.725 2
MgO(200)-2	−1.016 417 78	0.735 4
MgO(200)-3	−0.777 578 05	0.768 1

表 6-3　单组分 SO_2 在 Al_2O_3(211)晶面上的模拟吸附能

吸附位置	吸附能/eV	$d_{(Al—S_2)}$/nm
Al_2O_3(211)-1	−45.290 490 86	1.973 5
Al_2O_3(211)-2	−43.967 350 76	1.970 8
Al_2O_3(211)-3	−36.942 477 63	0.380 3
Al_2O_3(211)-4	−36.488 768 60	0.384 1
Al_2O_3(211)-5	−35.309 534 35	0.414 1
Al_2O_3(211)-6	−34.466 465 42	0.347 7
Al_2O_3(211)-7	−32.248 945 14	0.350 6
Al_2O_3(211)-8	−23.964 569 98	0.345 5
Al_2O_3(211)-9	−13.977 399 08	1.807 2

表 6-4　单组分 SO_3 在 Al_2O_3(211)晶面上的模拟吸附能

吸附位置	吸附能/eV	$d_{(Al—S_3)}$/nm
Al_2O_3(211)-1	−22.558 068 10	1.908 0
Al_2O_3(211)-2	−20.556 755 93	1.945 7
Al_2O_3(211)-3	−20.277 784 60	1.948 8
Al_2O_3(211)-4	−19.383 875 29	0.386 5
Al_2O_3(211)-5	−19.010 040 25	1.773 3
Al_2O_3(211)-6	−18.275 536 50	1.761 5
Al_2O_3(211)-7	−17.974 843 10	0.421 5
Al_2O_3(211)-8	−16.825 766 08	1.758 6
Al_2O_3(211)-9	−12.513 637 84	0.377 1
Al_2O_3(211)-10	−11.775 732 00	0.358 4

6.3　混合吸附质在金属晶面的吸附模拟

6.3.1　吸附位

模拟了 700℃下 SO_2-SO_3 二元体系在不同晶体表面上的吸附，具体结果如图 6-12 和图 6-13 所示。从图 6-12 中可以看出，在相同条件下，SO_2 对 SO_3 在 MgO(200)表面的吸附位具有很大的影响，单组分 SO_3 吸附与晶面的距离较大［$d_{1\,(Mg-S_3)}$=1.725 2］，而 SO_2 与 SO_3 同时存在时，SO_3 与晶面的间距变小［$d_{2\,(Mg-S_3)}$=0.276 3］。这是由于 SO_2 本身的活泼性、SO_3 分子的协同作用及大量存在的活性位，使气态在 MgO(200)晶面上的吸附始终占优。

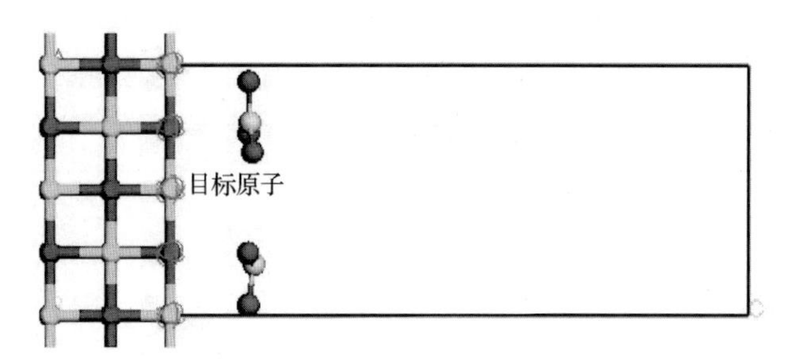

图 6-12　混合组分在 MgO(200)晶面上的模拟吸附位

图 6-13　混合组分在 Al_2O_3(211)晶面上的模拟吸附位

由图 6-13 可知，单组分分别与 Al_2O_3(211)晶面吸附时，$d_{1\,(Al-S_2)}$=1.997 7nm，$d_{1\,(Al-S_3)}$=1.917 4nm；混合组分吸附时，气态分子与晶面间距均减小为 $d_{2\,(Al-S_2)}$=1.956 1nm、$d_{2\,(Al-S_3)}$=1.909 9nm。

6.3.2　吸附能

由表 6-5 和表 6-6 可知，混合组分在不同晶面上可能出现的吸附态都具有多种，由于吸附过程是放热过程，不同的吸附态的吸附能均为负值。对于最稳定吸附态，单组分稳态吸附能相加值比混合组分最稳态吸附能值绝对值偏小，说明混合组分更易被晶体表面吸附。MgO(200)晶面上的混合组分吸附间距变小，混合组分在 Al_2O_3(211)晶面上的吸附间距基本没变，这说明混合组分更易在 MgO(200)晶面上吸附。

表 6-5　混合组分在 MgO(200)晶面上的模拟吸附能

吸附位置	吸附能/eV	$d_{(Mg-S_2)}$/nm	$d_{(Mg-S_3)}$/nm
MgO(200)-1	−24.214 420 63	0.294 7	0.276 3
MgO(200)-2	−23.713 146 85	0.296 9	0.275 7
MgO(200)-3	−23.367 488 71	0.317 8	0.274 6
MgO(200)-4	−23.031 893 03	0.365 7	0.277 3
MgO(200)-5	−22.379 324 10	0.294 0	1.725 3
MgO(200)-6	−22.291 636 21	1.698 1	1.722 9
MgO(200)-7	−21.631 348 54	1.705 2	1.678 6

表 6-6　混合组分在 Al_2O_3(211)晶面上的模拟吸附能

吸附位置	吸附能/eV	$d_{(Al-S_2)}$/nm	$d_{(Al-S_3)}$/nm
Al_2O_3(211)-1	−68.371 623 44	1.956 1	1.895 7
Al_2O_3(211)-2	−67.854 655 40	1.997 5	1.907 9
Al_2O_3(211)-3	−66.605 400 97	1.972 5	1.907 4
Al_2O_3(211)-4	−65.803 594 04	1.997 2	1.910 0
Al_2O_3(211)-5	−65.553 153 97	1.810 1	1.952 1
Al_2O_3(211)-6	−65.213 563 99	1.846 7	1.843 7
Al_2O_3(211)-7	−64.709 761 74	1.885 7	1.775 0
Al_2O_3(211)-8	−64.671 362 10	1.886 8	0.424 5
Al_2O_3(211)-9	−64.379 917 67	1.886 4	1.782 0
Al_2O_3(211)-10	−64.240 584 51	1.884 5	0.388 1

由上可见，通过巨正则蒙特卡罗方法建立的吸附模型，对硫氧化物在金属晶面的吸附计算结果看，与 SO_3 在 MgO(200)晶面及 SO_2、SO_3 分别在 Al_2O_3(211)晶面的吸附相比，单组分 SO_2 在 MgO(200)晶面的吸附性能更强；SO_2 分子吸附主要集中在镁原子附近，SO_3 分子吸附主要集中在铝原子附近。SO_2 在 MgO(200)表面可能的吸附态只有一种，也是最稳定的吸附位置，氧化镁晶体中 Mg—O 键长为 0.210 6nm，SO_2 中的氧与 MgO(200)中 Mg—O 的间距为 0.272 3nm，已经接近成键距离。混合组分中 SO_2 对 SO_3 在 MgO(200)表面的吸附位具有显著影响，单组分 SO_3 与晶面的距离较大［$d_{1\,(Mg-S_3)}$=1.725 2］，而 SO_2 与 SO_3 同时存在时，SO_3 与晶面的间距变小［$d_{2\,(Mg-S_3)}$=0.276 3］。

参 考 文 献

[1] 山红红，李春义，钮根林，等．流化催化裂化技术研究进展[J]．石油大学学报：自然科学版，2005，29（6）：135-150.

[2] 徐春明，杨朝合．石油炼制工程[M]．北京：石油工业出版社，2009.

[3] 杨凯宁．FCC 过程中 MgO 基硫转移剂的研究[D]．西安：西北大学，2010.

[4] 徐志达，单石灵．加工含硫原油的设备腐蚀与对策[J]．腐蚀科学与防护技术，2004，16（4）：250-252.

[5] 张德义．含硫原油加工技术[M]．北京：中国石化出版社，2003.

[6] 陈良．催化裂化过程脱硫复合助剂的研制[D]．上海：华东理工大学，2005.

[7] 程文萍．FCC 再生烟气硫转移剂 Cu-Mg-Al-Fe 的制备、表征及其性能的研究[D]．上海：华东师范大学，2008.

[8] 崔秋凯．催化裂化烟气硫转移剂的研究[D]．青岛：中国石油大学（华东），2010.

[9] 李林波，许金山，梁颖杰．催化裂化烟气硫转移剂的研究进展[J]．齐鲁石油化工，2003，31（3）：237-239.

[10] 王金安，李承烈，戴逸云．硫转移催化剂研究（I）：组成、结构与吸硫活性关系[J]．物理化学学报，1994，10（7）：581-584.

[11] 徐明．烟气 SO_2 污染控制技术发展及现状[J]．安徽师范大学学报：自然科学版，2001，24（2）：187-189.

[12] 杨一青，庞新梅，刘从华．催化裂化烟气硫转移助剂的研究进展[J]．炼油与化工，2008，19（3）：1-5.

[13] BHATTACHARYYA A A, WOLTERMANN G M, YOO J S, et al. Catalytic SO_x abatement: the role of magnesium aluminate spinel in the removal of SO_x from fluid catalytic cracking flue gas[J]. Industrial & engineering chemistry research, 1988, 27(8): 1356-1360.

[14] JIANG R, SHAN H, LI C, et al. Preparation and characterization of activated Mn/MgAlFe as transfer catalyst for SO_x abatement[J]. Journal of natural gas chemistry, 2011, 20(2): 191-197.

[15] WANG J, CHEN L, LI C. Roles of cerium oxide and the reducibility and recoverability of the surface oxygen species in the $CeO_2/MgAl_2O_4$ catalysts[J]. Journal of molecular catalysis a: chemical, 1999, 139(2-3): 315-323.

[16] WANG J, ZHU Z, LI C. Pathway of the cycle between the oxidative adsorption of SO_2 and the reductive decomposition of sulfate on the $MgAl_{2-x}Fe_xO_4$ catalyst[J]. Journal of molecular catalysis a: chemical, 1999, 139(1): 31-41.

[17] YOO J S, BHATTACHARYYA A, RADLOWSKI C, et al. Advanced De-SO_x catalyst: mixed solid solution spinels with cerium oxide[J]. Applied catalysis b: environmental, 1992, 1(3): 169-189.

[18] CORMA A, PALOMARES A, REY F. Optimization of SO_x additives of FCC catalysts based on MgO-Al_2O_3 mixed oxides produced from hydrotalcites[J]. Applied catalysis b: environmental, 1994, 4(1): 29-43.

[19] CANTÚ M, LÓPEZ-SALINAS E, VALENTE J S, et al. SO_x removal by calcined MgAlFe hydrotalcite-like materials: effect of the chemical composition and the cerium incorporation method[J]. Environmental science & technology, 2005, 39(24): 9715-9720.

[20] 罗珍．减少催化裂化 SO_x 排放的硫转移助剂[J]．炼油设计，2000，30（11）：60-62.

[21] 麦郁穗．催化裂化再生器应为腐蚀开裂[J]．石油化工腐蚀与防护，2003，20（5）：12-14.

[22] 崔秋凯，张强，李春义，等．再生条件对硫转移剂脱硫性能的影响[J]．中国石油大学学报，2009，33（5）：151-155.

[23] 刘奎．炼油厂 SO_2 排放控制[J]．炼油技术与工程，2007，37（9）：54-58.

[24] 柯晓明．控制催化裂化再生烟气中 SO_x 排放的技术[J]．炼油设计，1999，29（8）：50-54.

[25] 刘忠生，林大泉．催化裂化装置排放的 SO_2 问题及对策[J]．石油炼制与化工，1999，30（3）：44-48.

[26] 陈银飞，葛忠华，吕德伟．MgAlFe 复合氧化物吸收 SO_2 后的再生[J]．燃料化学学报，2000，26（8）：561-564.

[27] 陈银飞，卓广澜，葛忠华．MgAlFe 复合氧化物高温下脱除低浓度 SO_2 的性能[J]．高校化学工程学报，2000，14（4）：346-351.

[28] 朱仁发，李承烈．流化催化裂化脱硫添加剂的研究进展[J]．化工科技，2000，8（1）：50-55.

[29] LOWELL P S, SCHWITZGEBEL K, PARSONS T B, et al. Selection of metal oxides for removing SO_2 from flue gas[J]. Industrial & engineering chemistry process design and development, 1971, 10(3): 384-390.

[30] POLATO C M S, HENRIQUES C A, NETO A A, et al. Synthesis, characterization and evaluation of CeO_2/Mg, Al-mixed oxides as catalysts for SO_x removal[J]. Journal of molecular catalysis a: chemical, 2005, 241(1-2): 184-193.

[31] CHENG W, YU X, WANG W, et al. Synthesis, characterization and evaluation of Cu/MgAlFe as novel transfer catalyst for SO_x removal[J]. Catalysis communications, 2008, 9(6): 1505-1509.

[32] CANNILLA C, BONURA G, ROMBI E, et al. Highly effective $MnCeO_x$ catalysts for biodiesel production by transesterification of vegetable oils with methanol[J]. Applied catalysis a: general, 2010, 382(2): 158-166.

[33] PEREIRA H B, POLATO C, MONTEIRO J L F, et al. Mn/Mg/Al-spinels as catalysts for SO_x abatement: influence of CeO_2 incorporation and catalytic stability[J]. Catalysis today, 2010, 149(3-4): 309-315.

[34] 许宁. 浮法玻璃熔窑烟气脱硫系统关键技术研究[D]. 武汉：武汉理工大学，2007.

[35] 杨本宏. 我国酸雨危害现状及防治对策[J]. 合肥联合大学学报，2000，10（2）：102-106.

[36] 杨德凤. 从催化裂化烟气分析结果探讨再生设备的腐蚀开裂[J]. 石油炼制与化工，2000，32（3）：49-53.

[37] 刘有成，陈华，柳云骐. 催化裂化再生设备应力腐蚀开裂规律的研究[J]. 石油化工腐蚀与防护，2004，21（1）：12-16.

[38] 陈良，施力. FCC 硫转移复合助剂的研究[J]. 燃料化学学报，2005，33（1）：83-88.

[39] 刘忠生，林大泉. 催化裂化装置排放的 SO_2 问题及对策[J]. 石油炼制与化工，1999，30（3）：44-48.

[40] DIMITRIADIS V D, VASALOS I A. Evaluation and kinetics of commercially available additives for sulfur oxide (SO_x) control in fluid catalytic cracking units[J]. Industrial & engineering chemistry research, 1992, 31(12): 2741-2748.

[41] YOO J S, BHATTACHARYYA A A, RADLOWSKI C A, et al. De-SO_x catalyst: the role of iron in iron mixed solid solution spinels, $MgO \cdot MgAl_{2-x}Fe_xO_4$[J]. Industrial & engineering chemistry research, 1992, 31(5): 1252-1258.

[42] KIM G, JUSKELIS M V. Catalytic reduction of SO_3 Stored in SO_x transfer catalysts: a temperature-programmed reaction study[J]. Studies in surface science and catalysis, 1996, 101: 137-142.

[43] DUNN J P, KOPPULA P R, STENGER H G, et al. Oxidation of sulfur dioxide to sulfur trioxide over supported vanadia catalysts[J]. Applied catalysis b: environmental, 1998, 19(2): 103-117.

[44] WANG J, LI C. SO_2 adsorption and thermal stability and reducibility of sulfates formed on the magnesium-aluminate spinel sulfur-transfer catalyst[J]. Applied surface science, 2000, 161(3-4): 406-416.

[45] CEDENO C L, ORDONEZ L C, RAMIREZ J, et al. Traps for simultaneous removal of SO_x and vanadium in FCC process[J]. Catalysis today, 2005, 107-108: 657-662.

[46]CENTI G, PERATHONER S. Behaviour of SO_x-traps derived from ternary Cu/Mg/Al hydrotalcite materials[J]. Catalysis today, 2007, 127(1-4): 219-229.

[47] LEE S J, JUNG S Y, LEE S C, et al. SO_2 removal and regeneration of MgO-based sorbents promoted with titanium oxide[J]. Industrial & engineering chemistry research, 2009, 48(5): 2691-2696.

[48] 钱明生，AWADNA N A，谭乐成. 脱硫催化剂的酸法制备及性能研究[J]. 华东理工大学学报：自然科学版，1997，23（2）：182-186.

[49] 朱仁发，李承烈. FCC 再生烟气的脱硫助剂研究进展[J]. 化工进展，2000，19（3）：22-29.

[50] 杨秀霞，董家谋. 控制催化裂化装置烟气中硫化物排放的技术[J]. 石化技术，2001，8（2）：126-130.

[51] 张海燕，许星. 国外烟气脱硫技术的发展与我国的现状[J]. 有色金属设计，2003，30（1）：38-42.

[52] 刘峰，陈庆岭. FCC 再生烟气脱硫脱氮技术进展[J]. 化工中间体，2009，5（8）：24-30.

[53] 陈祖庇. 催化裂化装置空气污染物排放的控制和治理[J]. 中外能源，2007，12（5）：94-99.

[54] BLANTON JR W A, FLANDERS R L. Process for removing sulphur from a gas: US 4071436[P]. 1978-01-31.

[55] BLANTON JR W A, FLANDERS R L. Process for controlling sulfur oxides using an alumina-impregnated catalyst: US 4332672[P]. 1982-06-01.

[56] 朱仁发，李承烈．FCC 再生烟气的脱硫助剂研究进展[J]．化工进展，2003，11（1）：47-51．

[57] 冯明，杨彬．HL-9 DeSO_x 助剂的工业应用[J]．齐鲁石油化工，2002，30（1）：16-18．

[58] 姚志强，武迎建．LT-8 硫转移剂在 II 套催化裂化装置的工业应用[J]．江西石油化工，2002，14（1）：9-14．

[59] 冉晓利．催化裂化烟气硫转移剂的制备、评价与表征[D]．青岛：中国石油大学（华东），2010．

[60] DUNN J P, STENGER JR H G, WACHS I E. Oxidation of sulfur dioxide over supported vanadia catalysts: molecular structure-reactivity relationships and reaction kinetics[J]. Catalysis today, 1999, 51(2): 301-318.

[61] PALOMARES A, LÓPEZ-NIETO J, LÁZARO F, et al. Reactivity in the removal of SO_2 and NO_x on Co/Mg/Al mixed oxides derived from hydrotalcites[J]. Applied catalysis b: environmental, 1999, 20(4): 257-266.

[62] YASYERLI S, DOGU G, DOGU T. Selective oxidation of H_2S to elemental sulfur over Ce-V mixed oxide and CeO_2 catalysts prepared by the complexation technique[J]. Catalysis today, 2006, 117(1-3): 271-278.

[63] POLATO C M S, HENRIQUES C A, RODRIGUES A C C, et al. De-SO_x additives based on mixed oxides derived from Mg, Al-hydrotalcite-like compounds containing Fe, Cu, Co or Cr[J]. Catalysis today, 2008, 133-135: 534-540.

[64] POLATO C M S, RODRIGUES A C C, MONTEIRO J L F, et al. High Surface Area Mn, Mg, Al-spinels as catalyst additives for SO_x abatement in fluid catalytic cracking units[J]. Industrial & engineering chemistry research, 2009, 49(3): 1252-1258.

[65] CHENG W C, KIM G, PETERS A, et al. Environmental fluid catalytic cracking technology[J]. Catalysis reviews, 1998, 40(1-2): 39-79.

[66] VELU S, SHAH N, JYOTHI T, et al. Effect of manganese substitution on the physicochemical properties and catalytic toluene oxidation activities of Mg-Al layered double hydroxides[J]. Microporous and mesoporous materials, 1999, 33(1-3): 61-75.

[67] JUN H K, JUNG S Y, LEE T J, et al. Decomposition of NH_3 over Zn-Ti-based desulfurization sorbent promoted with cobalt and nickel[J]. Catalysis today, 2003, 87(1-4): 3-10.

[68] FETTEROLF M. Catalytic activity of transition metal ions in an oxide matrix[J]. Inorg Chem, 1981, 20: 1011-1022.

[69] RODAS-GRAPAIN A, ARENAS-ALATORRE J, GOMEZ-CORTES A, et al. Catalytic properties of a CuO-CeO_2 sorbent-catalyst for De-SO_x reaction[J]. Catalysis today, 2005, 107: 168-174.

[70] PRATT R E, SELF D E, DEMETER J C. Reduction of sulfur content in regenerator off gas of a fluid cracking unit: EP 0514597[P]. 1992-11-25.

[71] FLANDERS R L, BLANTON JR W A. Process for removing pollutants from catalyst regenerator flue gas: US 4115251[P]. 1978-09-19.

[72] LEWIS D, HERBERT P, PEI-SHING D E, et al. Control of SO_x emission: EP 0208220[P]. 1987-01-14.

[73] BHATTACHARYYA A, FORAL M J, REAGAN W J. Absorbent and process for removing sulfur oxides from a gaseous mixture: US Patent 5426083[P]. 1995-06-20.

[74] VIERHEILIG A A. Process for making, and use of, anionic clay materials: US 6028023[P]. 2000-02-22.

[75] CAERO L C, ORDONEZ L C, RAMIRE J, et al. Traps for simultaneous removal of SO_x and vanadium in FCC process[J]. Catalysis today, 2005, 107: 657-662.

[76] 朱仁发，戴亚，李承烈．脱硫助剂氧化吸硫原位还原研究[J]．安徽师范大学学报（自然版），1999，22（4）：342-344．

[77] 李晓，谭乐成，李承烈．镁铝尖晶石作为催化裂化双功能助剂的研究[J]．石油学报（石油加工），2001，17（3）：57-61．

[78] 齐文义，王龙延，郭海卿．LST-1 液体硫转移助剂的研究[J]．炼油设计，2000，30（9）：5-8．

[79] 李林波，周忠国，许金山．多功能催化裂化烟气硫转移剂的工业应用[J]．石油炼制与化工，2001，32（5）：13-16．

[80] 董亚娟，崔莉．助剂在 FCC 装置中的应用[J]．黑龙江石油化工，1995，3：5-9．

[81] BHATTACHARYYA A, CORMIER JR W E, WOLTERMANN G M. Alkaline earth metal spinels and processes for making: US 4728635 [P]. 1988-03-01.

[82] BERTOLACINI R J, HIRSCHBERG E H, MODICA F S. Process for removing sulfur oxides from a gas: US 4836993 [P]. 1989-06-06.

[83] YOO J S, JAECKER J A. Process for combusting solid sulfur containing material: US 4957892[P]. 1990-09-18.

[84] SUN M, NELSON A E, ADJAYE J. Adsorption and dissociation of H_2 and H_2S on MoS_2 and NiMoS catalysts[J]. Catalysis today, 2005, 105(1): 36-43.

[85] 冯明，杨彬．HL-9 DeSO$_x$助剂的工业应用[J]．齐鲁石油化工，2002，30（1）：16-18.

[86] 姚志强，武迎建．LT-8 硫转移剂在 II 套催化裂化装置的工业应用[J]．江西石油化工，2002，14（1）：9-14.

[87] 陈德胜，侯典国．催化裂化烟 SO$_x$转移助剂的工业应用[J]．石油炼制与化工，2003，34（4）：43-47.

[88] 梁颖杰，李林波，周忠国．催化裂化烟气硫转移剂的开发与应用[J]．石化技术与应用，2003，21（2）：140-143.

[89] 严万洪，张志刚，陈秀梅．催化裂化烟气脱硫技术的研究进展[J]．科技资讯，2008（7）：244-245.

[90] 钱伯章．催化裂化硫转移助剂发展现状[J]．天然气与石油，2003（4）：66.

[91] 王斌，王涛．催化裂化再生烟气 SO$_x$转移剂 RFS 的开发[J]．石油炼制与化工，2002，33（6）：37-40.

[92] 崔秋凯，张强，李春义，等．催化裂化烟气硫转移剂的工业试验[J]．石化技术与应用，2010（3）：222-225.

[93] 李春义，余长春，沈师孔．Ni/Al_2O_3催化剂表面状态对 CH_4氧化反应的影响[J]．物理化学学报，1999，15（12）：1098-1105.

[94] 李春义，余长春，沈师孔．Ni/Al_2O_3催化剂上 CH_4部分氧化制合成气反应积碳的原因[J]．催化学报，2001，22（4）：377-382.

[95] 赵姗姗．C_4轻烃催化裂解反应规律研究[D]．青岛：中国石油大学（华东），2010.

[96] WANG Y, MOHAMMED SAAD A B, SAUR O, et al. FTIR study of adsorption and reaction of SO_2 and H_2S on Na/SiO_2[J]. Applied catalysis b: environmental, 1998, 16(3): 279-290.

[97] JUNG S Y, LEE S J, LEE T J, et al. H_2S removal and regeneration properties of Zn-Al-based sorbents promoted with various promoters[J]. Catalysis today, 2006, 111(3-4): 217-222.

[98] SCHREIER E, ECKELT R, RICHTER M, et al. Sulphur trap materials based on mesoporous Al_2O_3[J]. Applied catalysis b: environmental, 2006, 65(3-4): 249-260.

[99] GREGG S, SING K S W. Adsorption, surface area, and porosity[M]. 2nd ed. London: Academic Press, 1982.

[100] VAUDRY F, KHODABANDEH S, DAVIS M E. Synthesis of pure alumina mesoporous materials[J]. Chemistry of materials, 1996, 8(7): 1451-1464.

[101] CENTI G, PERATHONER S. Dynamics of SO_2 adsorption-oxidation in SO_x traps for the protection of NO_x adsorbers in diesel engine emissions[J]. Catalysis today, 2006, 112(1-4): 174-179.

[102] TIKHOMIROV K, KROCHER O, ELSENER M, et al. Manganese based materials for diesel exhaust SO_2 traps[J]. Applied catalysis b: environmental, 2006, 67(3-4): 160-167.

[103] ARENA F, TRUNFIO G, FAZIO B, et al. Nanosize effects, physicochemical properties, and catalytic oxidation pattern of the Redo$_x$-precipitated MnCeO$_x$ system[J]. The journal of physical chemistry C, 2009, 113(7): 2822-2829.

[104] 伍昌维．新型锂离子可充电电池正极材料 LiM(M=Ag(or)Re)Mn_2O_4的制备和性能研究[D]．贵阳：贵州大学，2006.

[105] Centi G, Passarini N, Perathoner S, et al. Combined DeSO$_x$/DeNO$_x$ reactions on a copper on alumina sorbent-catalyst. 1. Mechanism of sulfur dioxide oxidation-adsorption[J]. Industrial & engineering chemistry research, 1992, 31(8): 1947-1955.

[106] CENTI G, PASSARINI N, PERATHONER S, et al. Combined DeSO$_x$/DeNO$_x$ reactions on a copper on alumina sorbent-catalyst. 2. Kinetics of the DeSO$_x$ reaction[J]. Industrial & engineering chemistry research, 1992, 31(8): 1956-1963.

[107] CORMA A, PALOMARES A, REY F, et al. Simultaneous catalytic removal of SO_x and NO_x with hydrotalcite-derived mixed oxides containing copper, and their possibilities to be used in FCC units[J]. Journal of catalysis, 1997, 170(1): 140-149.

[108] 许孝玲．以镁铝尖晶石为基础的酸碱一体化材料的研究[D]．青岛：中国石油大学（华东），2011.

[109] RODRIGUEZ J A. Electronic and chemical properties of mixed-metal oxides: basic principles for the design of DeNO$_x$ and DeSO$_x$ catalysts[J]. Catalysis today, 2003, 85(2-4): 177-192.

[110] CHENG W P, YANG J G, HE M Y. Evaluation of crystalline structure and SO_2 removal capacity of a series of MgAlFeCu mixed oxides as sulfur transfer catalysts[J]. Catalysis communications, 2009, 10(6): 784-787.

[111] CHAO K J, LIN L H, LING Y C, et al. Vanadium passivation of cracking catalysts by imaging secondary ion mass spectrometry[J]. Applied catalysis a: general, 1995, 121(2): 217-229.

[112] HUDSON M J, CARLINO S, APPERLEY D C. Thermal conversion of a layered (Mg/Al) double hydroxide to the oxide[J]. Jouranl of materials chemistry, 1995, 5(2): 323-329.

[113] LOPEZ T, BOSCH P, ASOMOZA M, et al. DTA-TGA and FTIR spectroscopies of sol-gel hydrotalcites: aluminum source effect on physicochemical properties[J]. Materials letters, 1997, 31(3-6): 311-316.

[114] FROST R L, ERICKSON K L. Thermal decomposition of synthetic hydrotalcites reevesite and pyroaurite[J]. Journal of thermal analysis and calorimetry, 2004, 76(1): 217-225.

[115] PRESCOTT H A, LI Z J, KEMNITZ E, et al. Application of calcined Mg-Al hydrotalcites for Michael additions: an investigation of catalytic activity and acid-base properties[J]. Journal of catalysis, 2005, 234(1): 119-130.

[116] 白鹏．介孔氧化铝合成新方法及其在功能材料合成中的扩展应用[D]．青岛：中国石油大学（华东），2007.

[117] WAQIF M, SAUR O, LAVALLEY J C, et al. Nature and mechanism of formation of sulfate species on copper/ alumina sorbent-catalysts for sulfur dioxide removal[J]. The journal of physical chemistry, 1991, 95(10): 4051-4058.

[118] WANG J, CHEN L, LIMAS-BALLESTEROS R, et al. Evaluation of crystalline structure and SO_2 storage capacity of a series of composition-sensitive De-SO_2 catalysts[J]. Journal of molecular catalysis a: chemical, 2003, 194(1-2): 181-193.

[119] GOODMAN A, LI P, USHER C, et al. Heterogeneous uptake of sulfur dioxide on aluminum and magnesium oxide particles[J]. The journal of physical chemistry a, 2001, 105(25): 6109-6120.

[120] LUO T, GORTE R J. Characterization of SO_2-poisoned ceria-zirconia mixed oxides[J]. Applied catalysis b: environmental, 2004, 53(2): 77-85.

[121] 朱仁发，谭乐成，王金安．调变组分对流化催化裂化助剂脱硫性能的影响[J]．华东理工大学学报：自然科学版，2000，26（2）：149-153.

[122] 于心玉．新型 FCC 再生烟气硫转移剂的制备、表征及其性能的研究[D]．上海：华东师范大学，2007.

[123] 崔秋凯，冉晓丽，许孝玲，等．FCC 镁铝尖晶石硫转移剂的脱硫效果及稳定性研究[J]．石化技术与应用，2008，28（6）：426-430.

[124] 蒋文斌，冯维成，谭映临，等．RFS-C 硫转移剂的试生产及工业试用[J]．石油炼制与化工，2003，34（12）：21-25.

[125] 陈龙武，甘礼华，岳天仪，等．微乳液反应法制备 α-Fe_2O_3 超细粒子的研究[J]．物理化学学报，1994，10（8）：750-754.

[126] 徐金光，滕飞，徐云鹏．新型反相微乳液制备纳米结构甲烷催化燃烧催化剂[J]．化学学报，2005，63（24）：2205-2210.

[127] JIANG R, SHAN H, ZHANG Q, et al. The influence of surface area of De-SO_x catalyst on its performance[J]. Separation and purification technology, 2012, 95: 144-148.

[128] 路霞，唐静，范玉冰，等．反相微乳液模板法合成介孔聚苯乙烯[J]．物理化学学报，2009，25（1）：178-182.

[129] 朴玲钰，刘祥志，毛立娟，等．反相微乳液法制备纳米氧化铝[J]．物理化学学报，2009，25（11）：2232-2236.

[130] 刘祥志，朴玲钰，毛立娟，等．真空冷冻干燥制备高比表面积纳米氧化铝[J]．物理化学学报，2010，26（4）：1171-1176.

[131] 井维健．尖晶石型复合氧化物的制备、表征及作为催化裂化环保助剂的研究[D]．青岛：中国石油大学（华东），2011.

[132] ZHANG R, TEOH W Y, AMAL R, et al. Catalytic reduction of NO by CO over Cu/$Ce_xZr_{1-x}O_2$ prepared by flame synthesis[J]. Journal of catalysis, 2010, 272(2): 210-219.

[133] LIU L, LIU B, DONG L, et al. *In situ* FT-infrared investigation of CO or/and NO interaction with CuO/ $Ce_{0.67}Zr_{0.33}O_2$ catalysts[J]. Applied catalysis b: environmental, 2009, 90(3): 578-586.

[134] SANGWICHIEN C, ARANOVICH G, DONOHUE M. Density functional theory predictions of adsorption isotherms with hysteresis loops[J]. Colloids and surfaces a: physicochemical and engineering aspects, 2002, 206(1-3): 313-320.

[135] YANG X, MAKITA Y, LIU Z, et al. Structural characterization of self-assembled MnO_2 nanosheets from birnessite manganese oxide single crystals[J]. Chemistry of materials, 2004, 16(26): 5581-5588.

[136] BRUHLMANN U, BUCHLER H, MARCHETTI F, et al. Transient ion pairs from OH-radical reactions: pulse radiolysis of

aqueous alkyl iodide solutions[J]. Chemical physics letters, 1973, 21(2): 412-414.

[137] HATTORI T, MURAKAMI Y. Study on the pulse reaction technique: IV. pulse reaction kinetics coupled with a strongly adsorbed reactant[J]. Journal of catalysis, 1973, 31(1): 127-135.

[138] 季生福，李树本．Na-W-Mn/SiO_2催化剂表面甲烷脉冲反应 I.单组分 Na/W/Mn/SiO_2催化剂[J]．分子催化，2002，16（3）：204-208.

[139] 高枝荣，杨海鹰，周继红，等．组合式脉冲微型反应评价系统及其在催化剂评价中的应用[J]．分析化学，2007，35（12）：1827-1832.

[140] JIANG R, JING W, SHAN H, et al. Studies on regeneration mechanism of sulfur transfer additives of FCC flue gas by H_2 reduction[J]. Catalysis communications, 2011, 13(1): 97-100.

[141] BRINDLE Y G, KIKKAWA S. A crystal-chemical study of Mg, Al and Ni, Al hydroxy-perchlorates and hydroxy-carbonates[J]. American mineralogist, 1979, 64: 836-843.

[142] LIMOUSY L, MAHZOUL H, BRILHAC J, et al. SO_2 sorption on fresh and aged SO_x traps[J]. Applied catalysis b: environmental, 2003, 42(3): 237-249.

[143] SJOERD KIJLSTRA W, BIERVLIET M, POELS E K, et al. Deactivation by SO_2 of MnO_x/Al_2O_3 catalysts used for the selective catalytic reduction of NO with NH_3 at low temperatures[J]. Applied catalysis b: environmental, 1998, 16(4): 327-337.

[144] WAQIF M, SAAD A M, BENSITEL M, et al. Comparative study of SO_2 adsorption on metal oxides[J]. Journal of the chemical society, faraday transactions, 1992, 88(19): 2931-2936.

[145] BENSITEL M, WAQIF M, SAUR O, et al. The structure of sulfate species on magnesium oxide[J]. The journal of physical chemistry, 1989, 93(18): 6581-6582.

[146] 王金安，李承烈，戴逸云．硫转移催化剂研究(I)：组成、结构与吸硫活性关系[J]．物理化学学报，1994，10（7）：581-584.

[147] WAQIF M, SAUR O, LAVALLEY J, et al. Evaluation of magnesium aluminate spinel as a sulfur dioxide transfer catalyst[J]. Applied catalysis, 1991, 71(2): 319-331.

[148] 王文宁，范康年，邓景发．分子态氧在 Ag(110)面上的吸附构型、吸附态和吸附能的 CM 和 DAM 从头算研究[J]．化学学报，1995，53：1000-1004.

[149] 吴贵升，李永旺，相宏伟，等. Cu-CO 和 Ni-CO 结构和吸附能量化研究[J]. 计算机与应用化学，2002，19（2）：190-193.

[150] 吕玲红．烷烃在沸石分子筛中吸附分离的分子模拟研究[D]．杭州：浙江大学，2005.

[151] 刘艳杰，王建萍，孙秀云，等. CO_2在 H-STI 分子筛中吸附的分子模拟研究[J]. 东北师大学报，2007，39（4）：102-105.

[152] 李明，周理，吴琴，等．多组分气体吸附平衡理论研究进展[J]．化学进展，2002，14（2）：93-97.

[153] 车小军，李毅梅，周勇，等．正戊烷在 ZSM 系分子筛中吸附性质的分子模拟[J]．武汉工程大学学报，2009，31（3）：12-15.

[154] 高山卜，陈双扣，石晓刚. CO_2在 Fe(111)表面吸附的密度泛函理论研究[J]. 计算机与应用化学，2009，26（2）：150-152.

[155] 唐旺，丁静，胡玉坤，等．NO 在 HZSM-5 分子筛中吸附的实验与分子模拟[J]．陕西科技大学学报，2009，27（3）：51-55.

[156] 何石泉，丁静，尹辉斌，等．SO_2在 HZSM-5 分子筛中吸附的分子模拟[J]．硅酸盐学报，2010，38（9）：1832-1836.

[157] 赵亮，陈燕，高金森，等．噻吩在 Ni(100): Cu(100): Co(100)表面吸附的密度泛函研究[J]．分子科学学报，2010，26（1）：18-22.

[158] 卓胜池．介孔材料捕集 CO_2及表面活性剂自组装的模拟[D]．上海：华东理工大学，2010.

[159] 李保瑞．CO_2吸附分离过程的分子模拟[D]．济南：山东建筑大学，2011.

[160] SUN M, NELSON A E, ADJAYE J. Adsorption and dissociation of H_2 and H_2S on MoS_2 and NiMoS catalysts[J]. Catalysis today, 2005, 105(1): 36-43.